高职高专智能制造领域人才培养系列教材

高职高专机电类专业系列教材

AutoCAD 2019 应用基础教程

主　编　邓宇翔　俞小友

副主编　段金跃　李思蓉

参　编　沈春玲　梁　颖　王晓宇　陈思吉

李国宏　高　强　林毓韬

机 械 工 业 出 版 社

本书主要围绕简单平面图形、复杂平面图形和三维实体模型的创建，由浅入深，通过项目引领、任务驱动，配置大量详细的操作演示图形，方便学生学习绘图及编辑功能指令的应用。

全书共 8 个项目。项目 1 主要介绍 AutoCAD 2019 的操作界面及鼠标和键盘主要功能键的应用；项目 2 主要围绕线段和多边形的创建与应用展开详细讲解演示；项目 3 主要围绕圆和圆弧的创建与应用展开详细讲解演示；项目 4 主要围绕元素选取、节点编辑和状态栏应用展开详细讲解演示；项目 5 以简单平面图形创建为主线，详细分解绘图与编辑功能指令的应用，同时采用专门版块分别详细讲解尺寸标注、文字创建及图层应用，为项目 6 创建零件图和装配图奠定基础；项目 6 以轴承拉拔器为例，详细讲解了相关零件的画法，以及创建装配示意图的过程；项目 7 以篮球架模型为例，将 AutoCAD 2019 中三维模型创建的主要功能指令有针对性地安排到篮球架各个组成部分的模型创建中讲解，并介绍了组装、创建材质及对篮球架模型进行渲染；项目 8 主要讲解图形数据的输入、输出与发布。本书附录提供了 AutoCAD 2019 常用快捷键、组合键以及常用快捷指令汇总表等内容。

本书可作为高职高专院校机械、电气和汽车类相关专业的教学用书，也可作为相关从业技术人员的参考用书。

为方便教学，本书配有电子课件等，凡选用本书作为教材的学校，均可来电（010 – 88379375）索取或登录 www. cmpedu. com 注册下载。

图书在版编目（CIP）数据

AutoCAD 2019 应用基础教程/邓宇翔，俞小友主编. —北京：机械工业出版社，2021.9（2024.1 重印）

高职高专智能制造领域人才培养系列教材　高职高专机电类专业系列教材

ISBN 978-7-111-69006-1

Ⅰ.①A…　Ⅱ.①邓…②俞…　Ⅲ.①AutoCAD 软件–高等职业教育–教材　Ⅳ.①TP391.72

中国版本图书馆 CIP 数据核字（2021）第 171840 号

机械工业出版社（北京市百万庄大街 22 号　邮政编码 100037）
策划编辑：王宗锋　　　　　　责任编辑：王宗锋　王海霞
责任校对：陈　越　刘雅娜　封面设计：鞠　杨
责任印制：常天培
北京机工印刷厂有限公司印刷
2024 年 1 月第 1 版第 2 次印刷
184mm×260mm · 19.5 印张 · 480 千字
标准书号：ISBN 978-7-111-69006-1
定价：59.80 元

电话服务　　　　　　　　　网络服务
客服电话：010-88361066　　机　工　官　网：www.cmpbook.com
　　　　　010-88379833　　机　工　官　博：weibo.com/cmp1952
　　　　　010-68326294　　金　书　网：www.golden-book.com
封底无防伪标均为盗版　　机工教育服务网：www.cmpedu.com

前　言

　　AutoCAD 是由 Autodesk 公司开发的一款计算机辅助设计软件，可用于创建二维图样、三维模型以及对模型进行材质渲染等，广泛应用于土木建筑、室内设计、机械制造和电子工业等领域。

　　随着 AutoCAD 软件版本的不断升级，功能也越来越人性化。为了紧跟时代的发展与变化，结合高职高专院校各专业的实际教学现状，综合学生的实际学习情况，按照高职高专院校机械、电气和汽车类相关专业的制图与 CAD 课程教学基本要求，基于 AutoCAD 2019 编写本书，主要特点如下：

　　1）项目分块，从易到难，逐步加强应用方面的介绍。

　　2）任务驱动，根据任务需要有针对性地介绍相关知识点。

　　3）思路引导，分解任务步骤，梳理内容。

　　4）绘图分步骤，配置详细操作示意图例。

　　5）配套有习题，可以巩固已学内容。

　　6）选图由易到难，结合趣味性与专业性，贴近生活实际。

　　7）附录设置了 AutoCAD 2019 常用快捷键、组合键，以及常用快捷指令表。

　　本书由沈春玲编写项目 1，李思蓉编写项目 2，梁颖编写项目 3，段金跃编写项目 4，王晓宇、陈思吉编写项目 5，俞小友、李国宏编写项目 6，邓宇翔编写项目 7 和附录，高强、林毓韬编写项目 8。全书由邓宇翔、俞小友统稿。在此，向所有关心并大力支持本书出版的师生及工作人员表示衷心的感谢！同时也衷心感谢 Autodesk 公司向学生、教师和教育机构提供免费使用软件的教育服务！

　　由于作者水平有限，书中难免有错漏或不妥之处，恳请读者批评指正！

编　者

二维码索引

序号	名称	图形	页码	序号	名称	图形	页码
1	线段的基础应用		10	7	门平面图创建		58
2	多边形创建及应用		13	8	创建多边形平面图		67
3	线段的综合应用		18	9	创建法兰盘平面图		78
4	圆的创建与基础应用		23	10	几何图形相切在 Auto-CAD 2019 中的应用		84
5	圆弧的创建及应用		27	11	其余应用		94
6	太极图绘制		54	12	图层应用		132

目　录

前言

二维码索引

项目1　认识 AutoCAD 2019 ··· 1

　　任务1　AutoCAD 2019 概述 ··· 1

　　任务2　AutoCAD 2019 中的鼠标和键盘应用 ································· 6

项目2　线段的创建和应用 ··· 10

　　任务1　线段的基础应用 ··· 10

　　任务2　多边形的创建及应用 ·· 13

　　任务3　线段的综合应用 ··· 18

项目3　圆和圆弧的创建与应用 ·· 23

　　任务1　圆的创建与基础应用 ·· 23

　　任务2　圆弧的创建与应用 ··· 27

项目4　绘图主要功能的编辑应用 ··· 33

　　任务1　图形元素的选取 ··· 33

　　任务2　图形元素的节点及编辑应用 ·· 36

　　任务3　状态栏的主要应用 ··· 44

项目5　简单平面图形的创建 ·· 54

　　任务1　太极图的创建 ·· 54

　　任务2　门平面图的创建 ··· 58

　　任务3　多边形平面图的创建 ·· 67

　　任务4　法兰盘平面图的创建 ·· 78

　　任务5　几何图形相切在 AutoCAD 2019 中的应用 ·························· 84

　　任务6　其他应用 ··· 94

　　任务7　尺寸标注与文字创建 ·· 105

　　任务8　图层应用 ··· 132

项目6　零件图和装配图的创建 ·· 143

　　任务1　双头连接螺柱零件图的创建 ·· 143

　　任务2　双头拉杆螺柱零件图的创建 ·· 150

　　任务3　顶杆零件图的创建 ··· 155

　　任务4　开口支架零件图的创建 ··· 165

　　任务5　拉块零件图的创建 ··· 173

任务 6　装配图的创建 ……………………………………………………………………… 177

项目 7　三维模型的创建 ………………………………………………………………………… 184

　　任务 1　三维建模基础应用 ………………………………………………………………… 184

　　任务 2　拉伸创建模型 ……………………………………………………………………… 209

　　任务 3　旋转创建模型 ……………………………………………………………………… 218

　　任务 4　扫掠创建模型 ……………………………………………………………………… 222

　　任务 5　放样创建模型 ……………………………………………………………………… 227

　　任务 6　三维实体编辑 ……………………………………………………………………… 233

　　任务 7　篮球架模型的创建 ………………………………………………………………… 248

项目 8　图形数据的输入、输出与发布 ………………………………………………………… 275

　　任务 1　图形数据的输入 …………………………………………………………………… 275

　　任务 2　图形数据的输出 …………………………………………………………………… 277

　　任务 3　图形数据的发布 …………………………………………………………………… 295

附录 …………………………………………………………………………………………………… 299

　　附录 A　常用快捷键汇总表 ………………………………………………………………… 299

　　附录 B　常用组合键汇总表 ………………………………………………………………… 299

　　附录 C　常用快捷指令汇总表 ……………………………………………………………… 300

　　附录 D　应用示例 …………………………………………………………………………… 301

参考文献 …………………………………………………………………………………………… 304

认识AutoCAD 2019

AutoCAD 软件是一款比较常用的图形创建软件。在学习 AutoCAD 软件的各项操作指令应用前，首先应了解 AutoCAD 软件的发展及应用；熟悉软件启动、文件打开、文件保存、文件关闭、软件工作界面及其各功能版块。此外，在熟悉绘图环境的同时，掌握用 AutoCAD 软件创建图形时的输入设备（鼠标和键盘）主要操作按键的使用方法也十分重要。

任务 1　AutoCAD 2019 概述

任务描述

初步认识 AutoCAD 2019 软件，了解其应用、工作界面，了解软件各项功能版块。

思路引导

1. 了解 AutoCAD 2019 软件的应用范围。
2. 了解 AutoCAD 2019 软件的打开、保存、关闭以及各功能版块。

学习新指令

保存；应用程序菜单；另存为；快速访问工具栏。

工具箱

名　称	图　标	名　称	图　标
保存	保存	另存为	另存为
应用程序菜单	A-	快速访问工具栏	

任务步骤

1. AutoCAD 的发展及应用

AutoCAD 是 Autodesk Computer Aided Design 的简称，是一款图形辅助设计应用软件，由 Autodesk 公司开发，目前广泛应用于机械、电气、建筑等领域。

截至目前，AutoCAD 已经发布了多个版本，本书使用的是 AutoCAD 2019 版本。各版本 AutoCAD 软件图标如图 1-1 所示。

2. AutoCAD 2019 软件的启动

（1）从"开始"菜单中启动　单击"开始"→"程序"→"AutoCAD 2019 – 简体中文（Simplified Chinese）"启动"AutoCAD 2019"软件，如图1-2a所示。

a) 2007版　　　　　　　　b) 2014版　　　　　　　　c) 2019版

图1-1　各版本 AutoCAD 软件图标

a)"开始"菜单启动　　　　　　　　　　b) 桌面快捷图标启动

图1-2　AutoCAD 2019 启动

（2）从桌面快捷图标启动　在计算机桌面找到 AutoCAD 2019 的快捷图标，双击该快捷图标即可启动软件；或右击该快捷图标，在弹出的快捷菜单中选择"打开"命令，即可启动软件，如图1-2b所示。

AutoCAD 2019 软件启动时的界面如图1-3a所示，AutoCAD 2019 软件打开后的界面如图1-3b所示。

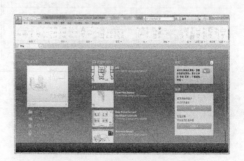

a) 启动时的界面　　　　　　　　　　b) 打开后的界面

图1-3　AutoCAD 2019 界面

单击"开始绘制"按钮，即可进入工作界面，如图1-4所示。

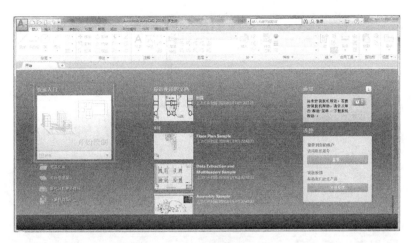

a) 单击"开始绘制"按钮

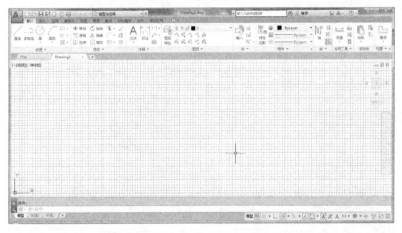

b) 工作界面

图1-4 进入工作界面

3. AutoCAD 2019 文件的保存

使用 AutoCAD 2019 创建文档后，为方便文件的传输、共享和修改，需要保存文件。通常有以下四种方法。

（1）方法一 如图1-5所示，单击工作界面右上角的关闭按钮 关闭操作界面，此时弹出"是否将改动保存到…"对话框，单击"是"按钮，在弹出的"图形另存为"对话框中执行以下操作：

1）选择文件存储位置。

2）设置文件的存储名称。

3）选择文件类型，文件类型常用默认格式，也可根据实际需要选取其他格式，文件的常用扩展名为"dwg"。

（2）方法二 单击工作界面左上角快速访问工具栏中的"保存"按钮，弹出"图形另存为"对话框，设置存储位置、存储名称及文件类型。

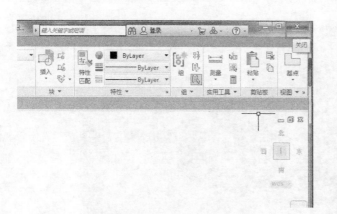

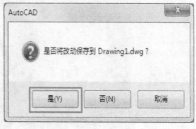

a) 单击右上角关闭按钮　　　　　　　　b) 单击"是(Y)"按钮

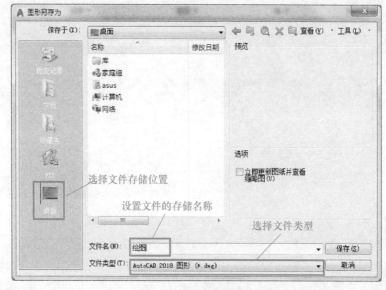

c) 设置保存参数

图 1-5　AutoCAD 2019 文件的保存

（3）方法三　如图 1-6 所示，单击工作界面左上角的"应用程序菜单"按钮，在下拉菜单中单击"保存"或"另存为"按钮，弹出"图形另存为"对话框，设置存储位置、存储名称及文件类型。

（4）方法四　按保存的快捷键 < Ctrl + S >，弹出"图形另存为"对话框，设置存储位置、存储名称及文件类型。

4. AutoCAD 2019 软件的退出

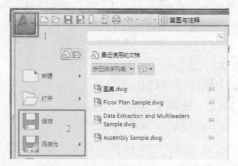

图 1-6　"应用程序菜单"按钮

当完成文件的创建或编辑后需要退出该操作界面时，单击工作界面右上角的按钮 X ，弹出"图形另存为"对话框，若已完成保存则软件直接退出。

5. AutoCAD 2019 软件的工作界面

AutoCAD 2019 软件的工作界面及各主要功能版块如图1-7所示。

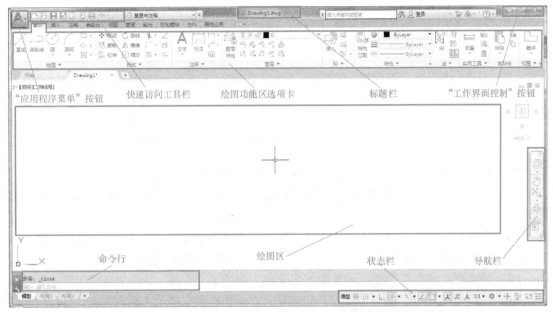

图 1-7 AutoCAD 2019 软件的工作界面及各主要功能版块

（1）"应用程序菜单"按钮 该按钮在工作界面的左上角，单击该按钮可弹出下拉菜单，主要有"新建""打开"和"保存"等常用命令，如图1-6所示。

（2）标题栏 标题栏位于工作界面最上方，于中间位置显示当前文件名称，其后是信息检索窗口。

（3）"工作界面控制"按钮 标题栏最右端是工作界面控制按钮，分别用于实现工作界面的最小化、最大化和关闭三种状态。

（4）快速访问工具栏 位于标题栏的左侧，显示常用的工具按钮，例如"新建""打开""保存""放弃"和"重做"等，也可单击工具栏后面的小倒三角按钮展开自定义快速访问工具栏（图1-8）选取所需的常用工具按钮，左侧打钩表示在工具栏中可见，否则不可见。

图 1-8 自定义快速访问工具栏

（5）绘图功能区选项卡　绘图功能区是辅助使用者完成图样绘制的主要工具栏所在位置，如图1-7所示，主要有"绘图""修改""注释"和"图层"等功能版块。

（6）绘图区　整个工作界面中空白区域最大的版块为图形绘制区域，其背景颜色通常为黑色，后期可根据实际需要进行更换。

1）绘图区左上角是视口控件 |[-][的视][二维线框]，可以控制绘图区的可视窗口数目以及视觉样式。

2）绘图区左下角是当前视图平面坐标指示图标|。

3）绘图区右上角的立方体是视口立方体即 Viewcube，控制前、后、上、下、左、右六个基本正视方位的视觉窗口显示以及轴测位置的视觉窗口显示。

（7）导航栏　绘图区右侧是导航栏，如图1-7所示，用于控制视觉窗口的移动和旋转等。

（8）命令行　命令行位于绘图区下方，可执行指令输入，并按＜Enter＞键执行输入的指令，同时也能实时显示操作信息，包括操作提示和错误信息等，如图1-7所示。

（9）状态栏　状态栏位于工作界面的右下角，如图1-7所示，是绘制辅助工具的切换按钮，包括"捕捉""栅格""正交""极轴追踪""对象捕捉""动态输入"和"显示/隐藏线宽"等状态选项按钮。

将鼠标指针置于其中任一按钮上方，单击控制其对应工具的开和关两种状态：按钮变暗，视为关闭；按钮变亮，视为开启。

将鼠标指针置于其中任一按钮上方，右击后弹出"草图设置"对话框，用于设置"捕捉和栅格""极轴追踪""对象捕捉"和"三维对象捕捉"等各自对应的详细参数。

大展身手

打开 AutoCAD 2019 软件，新建绘图文件，保存该绘图文件，文件的存储名称为"绘图1"，文件类型为"dwg"。

任务2　AutoCAD 2019 中的鼠标和键盘应用

任务描述

熟悉鼠标和键盘在 AutoCAD 2019 软件中各主要功能按键的应用。

思路引导

1. 熟悉鼠标按键的结构及主要应用。
2. 熟悉键盘主要功能按键的位置及应用。

学习新指令

鼠标左键、中键、右键；键盘＜Delete＞键、＜Esc＞键、＜Tab＞键、＜Enter＞键、

<F2>键、<Backspace>键、<Space>键、<Ctrl>键、<F8>键。

工具箱

名　称	图　标	名　称	图　标	名　称	图　标
鼠标左键		<Esc>键	Esc	<Backspace>键	Back space
鼠标中键（滚轮）		<Tab>键	Tab	<Space>键（空格键）	
鼠标右键		<Enter>键	Enter	<Ctrl>键	Ctrl
<Delete>键	Delete	<F2>键	F2	<F8>键	F8

任务步骤

1. 鼠标

如图1-9所示，鼠标通常有左键、中键和右键。只移动鼠标时，AutoCAD 2019软件工作界面中的指针会跟随鼠标的移动方向移动，在绘图区呈十字形，在功能区呈箭头形。

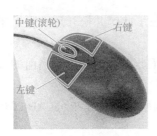

a) 鼠标左键、中键和右键　　　　b) 指针在绘图区呈十字形　　　　c) 指针在功能区呈箭头形

图1-9　鼠标功能键

（1）左键

1）左键主要用于单击选取按钮、图形元素和绘制点。

2）按压左键不放并拖动鼠标可实现直线段、曲线、圆、圆弧和多边形等图形的绘制。

3）在绘图区内按压左键不放并拖动鼠标，将产生一个框选区域，可选中被区域覆盖的图形元素。

① 从左上角往右下角拖选，选区默认呈蓝色，需让框选区域完全覆盖图形元素才可选中。

② 从右下角往左上角拖选，选区默认呈绿色，框选区域只需覆盖图形元素局部即可选中。

（2）中键　中键也称为滚轮，有滚动和按压两种模式。在 AutoCAD 2019 的工作界面中，主要有以下三种应用：

1）往前滚动滚轮，绘图区界面整体被放大，鼠标指针呈十字形。

2）往后滚动滚轮，绘图区界面整体被缩小，鼠标指针呈十字形。

3）按压滚轮不放，同时移动鼠标，绘图区界面整体随鼠标移动，鼠标指针呈手掌形。

（3）右键　将指针移动至标题栏、各选项卡的选中图形元素上，右击后可弹出各类属性及命令，因此被称为快捷菜单键。

2. 键盘

在 AutoCAD 2019 软件中，键盘中的主要应用按键以及组合按键如图 1-10 所示。

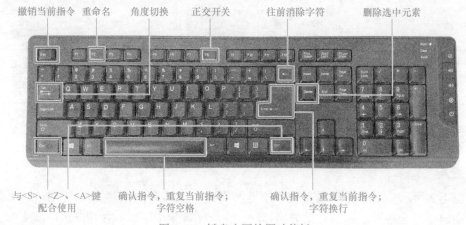

图 1-10　键盘主要绘图功能键

（1）< Esc >键　称之为退出键或撤销键，在绘图过程中，按下此键并松开后，可撤销当前执行的绘图命令。

（2）< Tab >键　称之为切换键，在绘制直线段过程中，按下此键并松开后，当前的线段长度参数锁定，切换至角度参数编辑状态。

（3）< Ctrl >键　称为控制键，常用于组合键中，可快速调出指令，在 AutoCAD 2019 中有以下几种组合应用：

1）< Ctrl + S >，快速保存当前文档。

2）< Ctrl + Z >，返回至上一步骤，即撤销当前的操作并返回至上一步已完成的指令状态，组合使用一次往前返回一个步骤，可实现快速返回。

3）< Ctrl + A >，快速全选整个绘图区内的图形元素。

（4）< Space >键　又称为空格键，主要有以下三种应用：

1）在绘图过程中按下此键并松开可撤销当前指令，再次按下并松开（按放）后可执行上一步指令。

2）在输入新指令后按下此键并松开，可激活新指令并应用。

3）在文本编辑状态下按下此键并松开，可将指针所在位置的左右两个字符间距增大。

（5）< Backspace >键　又称为退格键，此键主要在输入文本字符时使用。输入指令时，按放一次可消除一个字符，长按则消除全部当前输入的字符。

（6）＜Enter＞键　主要有以下三种应用：

1）在绘图过程中按放此键，可撤销当前指令，再次按放可执行上一步指令。

2）在输入新指令后按放此键，可激活新指令并应用。

3）在文本编辑状态下按放此键，可将指针所在位置的后方字符另起新行。

（7）＜Delete＞键　又称为删除键，按放一次即可将指针选中的元素删除。

（8）＜F8＞键　在AutoCAD 2019中用于控制状态栏中"正交"模式的开和关，按放此键可使"正交"模式在开和关两种状态间切换。按放＜F8＞键时，可通过观察命令行中的信息提示或状态栏中"正交"按钮的亮暗状态，确定"正交"模式的开、关状态。

（9）＜F2＞键　用于更改选中状态文件的文件名称，在AutoCAD 2019工作界面中，可对图层管理器中选中状态的图层名称进行重命名。

大展身手

打开AutoCAD 2019软件，新建绘图文件，熟悉绘图工作区各功能版块和鼠标左键、中键和右键以及键盘主要功能按键。

线段的创建和应用

线段是比较简单的几何图形，也是组成图形的重要元素。因此，掌握独立线段以及多条线段构成的简单图形的创建十分重要，主要有水平线段、竖直线段、角度线段、矩形和正多边形等。

任务1　线段的基础应用

任务描述

绘制如图 2-1 所示的直角三角形 *ABC*，已知 *AC* 的长度为 100mm，*AC* 和 *AB* 的夹角为 30°。

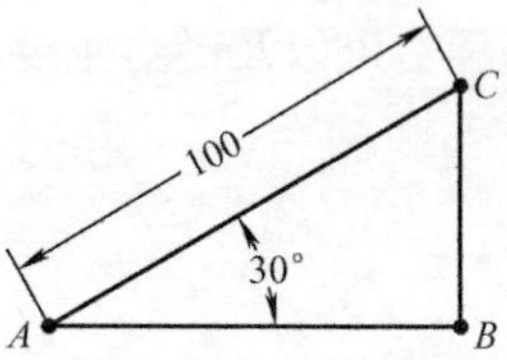

线段的基础应用

思路引导

1. 以 *A* 点为基础点，创建与水平线呈 30°夹角的线段 *AC*，长度设置为 100mm。

2. 再以 *C* 点为基础点，向正下方创建一条竖直线段，与水平线产生交点 *B*。

3. 完成图形绘制。

图 2-1　直角三角形

学习新指令

直线。

工具箱

名　称	图　标	备　注	名　称	备　注
直线	直线	L	<Tab>键	切换至角度
正交		<F8>键	<Enter>键	确认参数/启用最近使用的指令
极轴		<F10>键		

任务步骤

1. 水平线段的创建

单击"直线"按钮 直线 →将指针移至绘图区→单击确定起点→沿水平方向拖动鼠标指针→在

动态参数栏中输入线段长度值→按＜Enter＞键两次→完成指定长度水平线段的绘制。

小试牛刀1

绘制长度为80mm的水平线段，如图2-2所示。

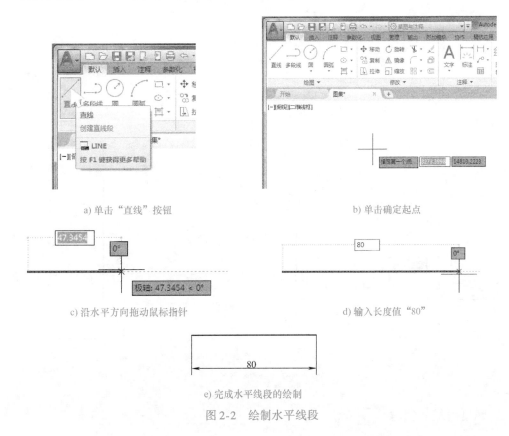

a) 单击"直线"按钮　　　　　　　　　　　　　b) 单击确定起点

c) 沿水平方向拖动鼠标指针　　　　　　　　　d) 输入长度值"80"

e) 完成水平线段的绘制

图2-2　绘制水平线段

＜记要＞：

状态栏中各按钮的开关状态如图2-3所示。在 AutoCAD 2019 软件中，输入参数只需输入数值，不需输入单位，单位默认为 mm。

图2-3　状态栏中各按钮的开关状态

2. 竖直线段的创建

单击"直线"按钮 ⟋ →将指针移至绘图区→单击确定起点→沿竖直方向拖动鼠标指针→在动态参数栏中输入线段长度值→按＜Enter＞键两次→完成指定长度竖直线段的绘制。

小试牛刀2

绘制长度为100mm的竖直线段，如图2-4所示。

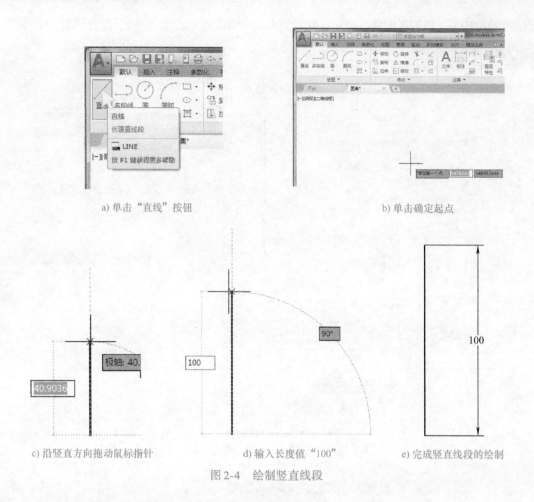

a) 单击"直线"按钮

b) 单击确定起点

c) 沿竖直方向拖动鼠标指针

d) 输入长度值"100"

e) 完成竖直线段的绘制

图 2-4　绘制竖直线段

3. 角度线段的创建

单击"直线"按钮　→将指针移至绘图区→单击确定起点→沿任意一个方向拖动鼠标指针→在动态参数栏中输入长度值→按一次 < Tab > 键切换至角度参数栏→输入角度值，按两次 < Enter > 键→完成指定角度线段的绘制，如图 2-5 所示。

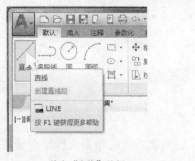

a) 单击"直线"按钮

b) 确定起点

图 2-5　绘制角度线段

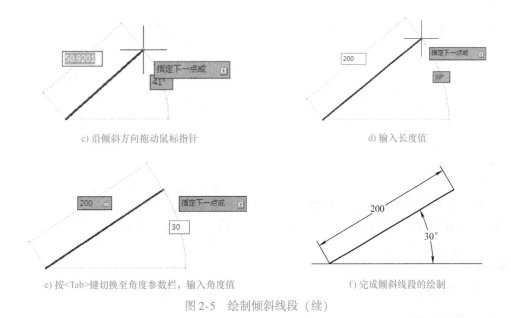

c) 沿倾斜方向拖动鼠标指针　　　　　　　　　　　　d) 输入长度值

e) 按<Tab>键切换至角度参数栏，输入角度值　　　　f) 完成倾斜线段的绘制

图 2-5　绘制倾斜线段（续）

<记要>：

　　两点确定一条直线段；角度参数栏所输入的数值沿逆时针方向递增；在"极轴追踪"开启状态下，可方便对齐点所在的位置；在"对象捕捉"开启状态下，可捕捉元素关键点。

小试牛刀3

　　完成［任务描述］中图 2-1 所示直角三角形的绘制，然后绘制长度为 200mm，角度值分别为 0°、30°、90°、120°、180°、210°、270°、300°和 360°的九条线段。

大展身手

　　根据图 2-6～图 2-8 所示的图形结构和标注尺寸绘制平面图形。

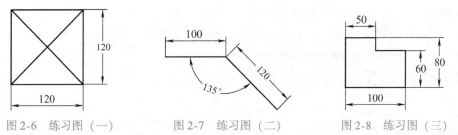

图 2-6　练习图（一）　　　　图 2-7　练习图（二）　　　　图 2-8　练习图（三）

任务2　多边形的创建及应用

任务描述

1. 绘制如图 2-9 所示的矩形，其长为 86mm，宽为 45mm。

2. 绘制如图 2-10 所示的正五边形，其外接圆直径为 80mm。

多边形创
建及应用

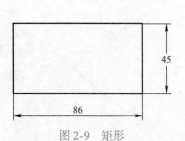

图 2-9 矩形

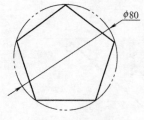

图 2-10 正五边形

思路引导

1. 图 2-9 利用"矩形"指令绘制，主要参数为长 86mm，宽 45mm。
2. 图 2-10 利用"多边形"指令绘制，主要参数为外接圆直径 80mm。

学习新指令

矩形；多边形。

工具箱

名　称	图　标	备　注
矩形	▢ ▾	REC
多边形	⬠ 多边形	POL

任务步骤

1. 创建矩形

单击"矩形"按钮▢ ▾→在绘图区单击，确定起始角点并拖动鼠标指针→输入字母"d"→按 < Enter > 键→输入长度值"86"→按 < Enter > 键→输入宽度值"45"→按 < Enter > 键→在绘图区单击，确定终点角点→完成，如图 2-11 所示。

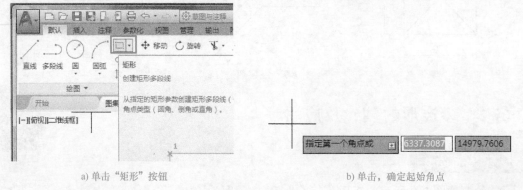

a) 单击"矩形"按钮　　　　　　　　　　b) 单击，确定起始角点

图 2-11 创建矩形

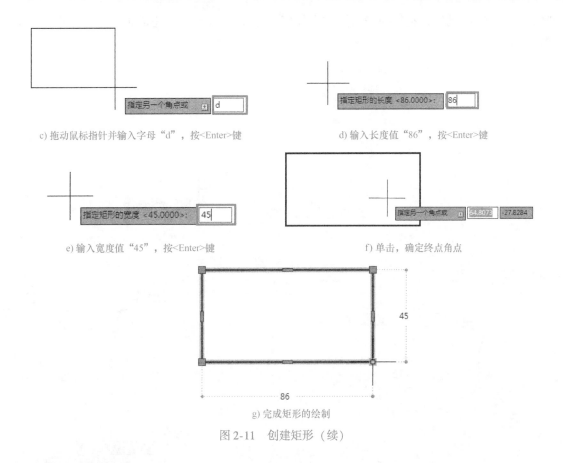

c) 拖动鼠标指针并输入字母"d"，按<Enter>键

d) 输入长度值"86"，按<Enter>键

e) 输入宽度值"45"，按<Enter>键

f) 单击，确定终点角点

g) 完成矩形的绘制

图 2-11 创建矩形（续）

小试牛刀1

根据图 2-12 和图 2-13 所示图样的结构与标注尺寸绘制平面图形。

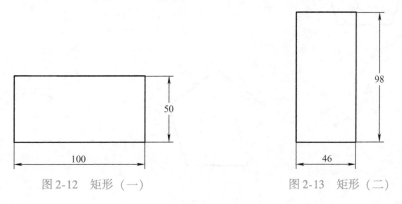

图 2-12 矩形（一）

图 2-13 矩形（二）

2. 创建多边形

（1）方法一 单击"多边形"按钮⬠多边形→将指针移至绘图区→在指针右下角参数栏或左下角命令行输入多边形边数（侧面数）→按 < Enter > 键→在绘图区单击，确定中心→指针右下角弹出输入选项，选择"内接于圆"和"外切于圆"两种模式中的任意一种→沿

竖直方向向上拖动鼠标指针→输入圆的半径值→按＜Enter＞键→完成正五边形的创建，如图2-14所示。

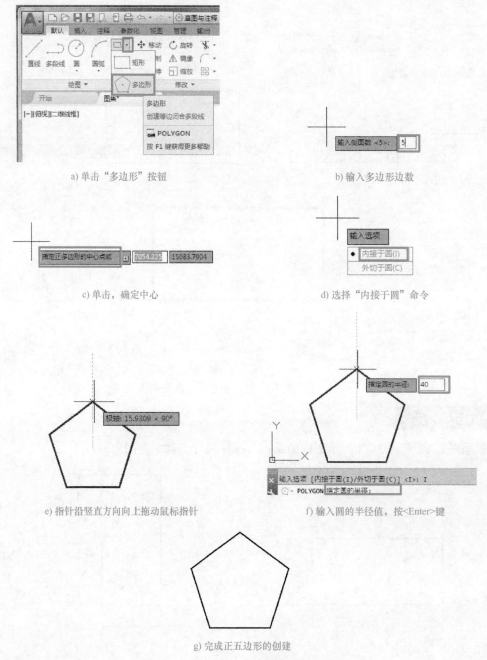

a) 单击"多边形"按钮

b) 输入多边形边数

c) 单击，确定中心

d) 选择"内接于圆"命令

e) 指针沿竖直方向向上拖动鼠标指针

f) 输入圆的半径值，按＜Enter＞键

g) 完成正五边形的创建

图2-14　直径模式创建正五边形

（2）方法二　单击"多边形"按钮⬠多边形→输入边数（侧面数）→按＜Enter＞键→输入字母"e"→按＜Enter＞键→在绘图区单击，确定边长起点→沿水平方向拖动鼠标指针并输入边长数值→按＜Enter＞键→完成正五边形的创建，如图2-15所示。

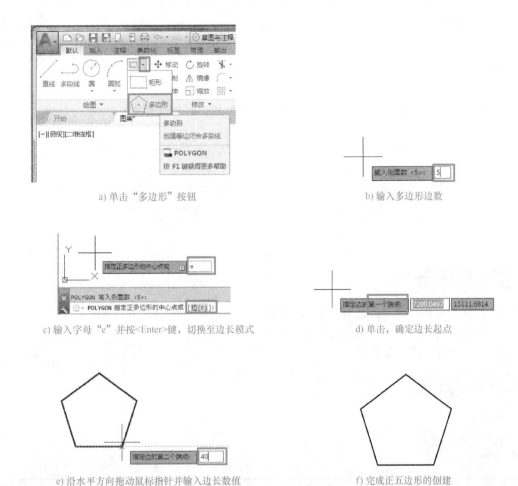

a) 单击"多边形"按钮

b) 输入多边形边数

c) 输入字母"e"并按<Enter>键，切换至边长模式

d) 单击，确定边长起点

e) 沿水平方向拖动鼠标指针并输入边长数值

f) 完成正五边形的创建

图 2-15 边长模式创建正五边形

<记要>：

　　方法一是已知多边形内切圆或外接圆直径的画法；方法二是已知多边形边长的画法；将鼠标指针竖直向上移动，可保证多边形正放；命令行中字母的输入不区分大小写。

小试牛刀2

根据图 2-16 ~ 图 2-18 所示图样的结构和标注尺寸绘制平面图形。

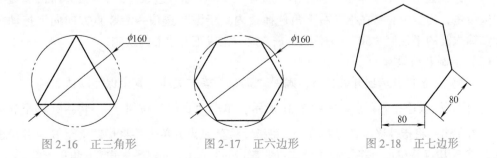

图 2-16 正三角形　　　　　图 2-17 正六边形　　　　　图 2-18 正七边形

任务3 线段的综合应用

线段的综合应用

任务描述

绘制图2-19所示的五角星和图2-20所示的六角星，其外接圆直径均为100mm。

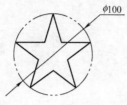

图2-19 五角星

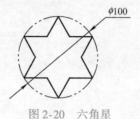

图2-20 六角星

思路引导

1. 五角星共五个顶点，正五边形共五个顶点。
2. 六角形共六个顶点，正六边形共六个顶点。
3. 两点连接形成一条线段。

学习新指令

修剪；删除。

工具箱

名　称	图　标	备　注
修剪		TR
删除		E

任务步骤

1. 修剪

（1）绘制正五边形　单击"多边形"按钮 多边形→输入边数"5"→按<Enter>键→在绘图区单击，确定中心→在指针右下角选择"内接于圆"选项→沿竖直方向向上拖动鼠标指针→输入圆的半径值"50"→按<Enter>键→完成正五边形的绘制。

（2）绘制五角星

1）确认状态栏各选项开关状态，确保"正交"模式关闭，其余保持默认。

2）应用线段连接各顶点。如图2-21所示，单击"直线"按钮 直线→将指针移至五边形的A点并单击→将指针移至C点并单击→将指针移至E点并单击→将指针移至B点并单击→将指针移至D点并单击→将指针移至A点并单击→按<Enter>键→完成五角星连线。

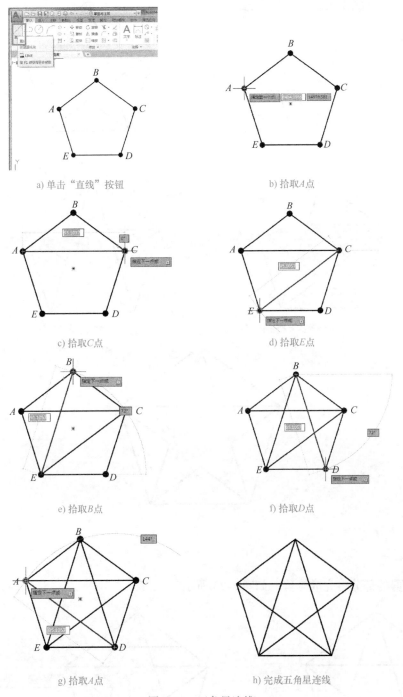

a) 单击"直线"按钮　　　　b) 拾取A点

c) 拾取C点　　　　d) 拾取E点

e) 拾取B点　　　　f) 拾取D点

g) 拾取A点　　　　h) 完成五角星连线

图 2-21　五角星连线

（3）修剪多余线段　修剪多余线段有以下两种方法。

1）方法一：单击"修剪"按钮 →按＜Enter＞键→单击或框选五角星内部线段→完成五角星内部多余线段修剪，如图 2-22 所示。

2）方法二：无其余执行指令状态下，输入字母"TR"→按两次＜Enter＞键→单击或

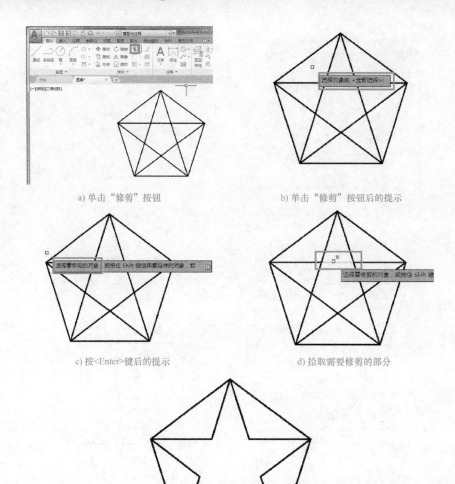

a) 单击"修剪"按钮

b) 单击"修剪"按钮后的提示

c) 按<Enter>键后的提示

d) 拾取需要修剪的部分

e) 修剪后的图样

图 2-22　按钮修剪

框选需要修剪的部分→完成修剪，如图 2-23 所示。

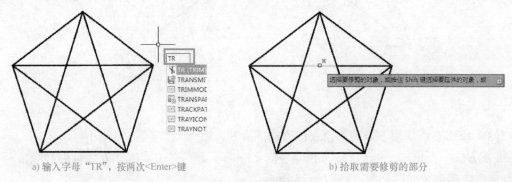

a) 输入字母"TR"，按两次<Enter>键

b) 拾取需要修剪的部分

图 2-23　快捷键修剪

<记要>：

在命令行中输入的字母"TR"为修剪的快捷键，不区分大小写。

2. 删除

删除如图 2-24a 所示五角星外围的正五边形有以下两种方法。

1）方法一：单击或框选正五边形的任意一条边从而选中正五边形→单击"删除"按钮 →完成五角星外围正五边形的删除，如图 2-24 所示。

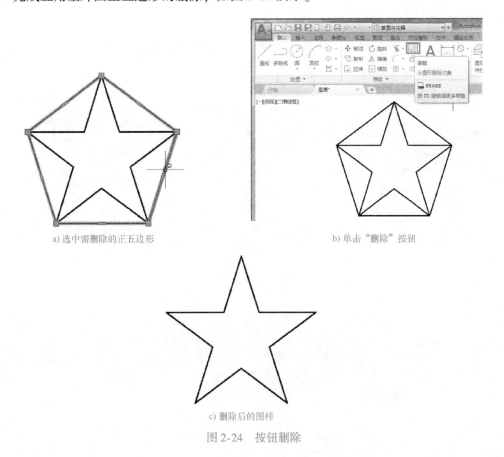

a) 选中需删除的正五边形

b) 单击"删除"按钮

c) 删除后的图样

图 2-24 按钮删除

2）方法二：单击或框选正五边形的任意一条边从而选中正五边形→按 < Delete > 键→完成五角星外围正五边形的删除，如图 2-25 所示。

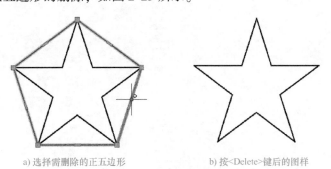

a) 选择需删除的正五边形

b) 按<Delete>键后的图样

图 2-25 快捷键删除

<记要>：

修剪：输入字母"TR"或"tr"→按两次<Enter>键。

删除：按下<Delete>键，部分键盘显示为<Del>键。

小试牛刀

完成［任务描述］中如图 2-20 所示六角星图样的绘制。

大展身手

完成如图 2-26～图 2-28 所示图样的绘制，图形尺寸自定义。

图 2-26　练习图（一）

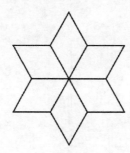

图 2-27　练习图（二）

图 2-28　练习图（三）

圆和圆弧的创建与应用

圆和圆弧在图形创建过程中也是常用的简单几何图形，在掌握其创建方法后，通过与直线以及删除、修剪等操作指令的配合使用，可以绘制出更复杂的图形。

任务1 圆的创建与基础应用

圆的创建与
基础应用

任务描述

通过学习圆和圆弧的创建方法，完成如图3-1所示图样的绘制。

思路引导

1. 该图样形似一朵花，仔细观察后发现，左、右、上、下共四个半圆，每个圆的半径都是20mm。

2. 绘制40mm×40mm的正方形。

3. 确定正方形四条边的中心点A、B、C、D。

4. 分别以A、B、C、D四个点为圆心画圆，半径均为20mm。任务1图形创建分析如图3-2所示。

图3-1 任务1图形

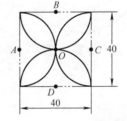

图3-2 任务1图形创建分析

5. 删除辅助线，修剪多余线条。

学习新指令

圆。

工具箱

名　称	图　标	备　注
圆	⊙ 圆 ▾	C

任务步骤

1. 半径画法

单击"圆"按钮 ⊘ →在绘图区单击，确定圆心→拖动鼠标指针→输入半径值"20"→
圆
按 < Enter > 键→完成指定半径圆的创建，如图3-3所示。

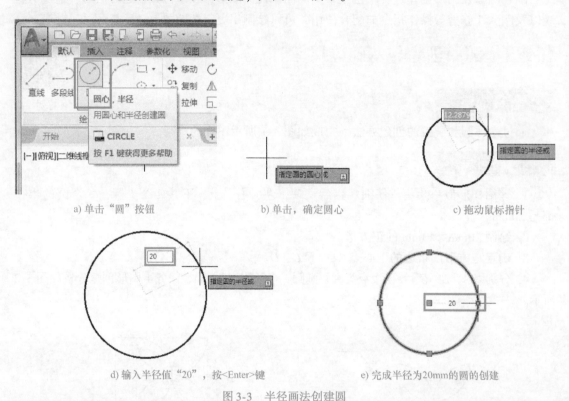

a) 单击"圆"按钮   b) 单击，确定圆心   c) 拖动鼠标指针

d) 输入半径值"20"，按<Enter>键   e) 完成半径为20mm的圆的创建

图3-3 半径画法创建圆

小试牛刀1

完成如图3-4所示图样的绘制，创建长度为120mm
的线段 AB，以 A 点和 B 点为圆心绘制半径分别为40mm
和80mm的圆。

2. 直径画法

单击"圆"按钮 ⊘ →在绘图区单击，确定圆心→
圆

拖动鼠标指针→输入字母"D"或"d"→按 < Enter >
键→输入圆的直径值"40"→按 < Enter > 键→完成指定
直径圆的创建，如图3-5所示。

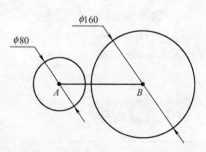

图3-4 应用半径值创建圆

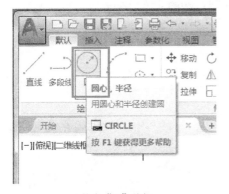

a) 单击"圆"按钮

b) 单击，确定圆心

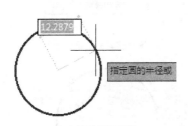

c) 拖动鼠标指针

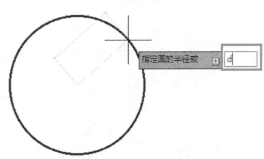

d) 输入字母"D"或"d"，按<Enter>键

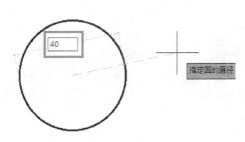

e) 输入直径值"40"，按〈Enter〉键

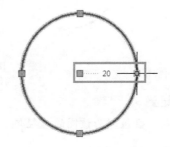

f) 完成直径为40mm的圆的创建

图 3-5 直径画法创建圆

小试牛刀2

完成如图 3-6 所示图样的绘制，在边长为100mm的正方形四边中点位置绘制直径分别为20mm、40mm、60mm 和80mm 的整圆。

3. 两点画法

单击"圆"按钮 ⊘ 下方倒三角→单击两点画

圆按钮 ◯ 两点→在绘图区单击，确定第一个点→

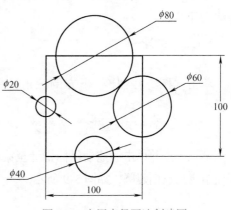

图 3-6 应用直径画法创建圆

拖动鼠标指针至第二个点并单击→完成指定两点创建圆，如图 3-7 所示。

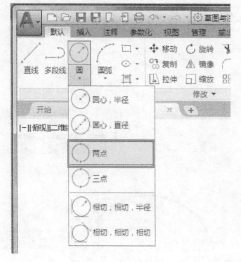

a) 单击"两点"画圆按钮

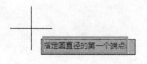

b) 单击，确定第一个点

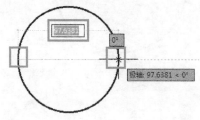

c) 拖动鼠标指针至第二个点(或输入数值)并单击

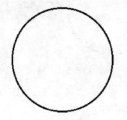

d) 完成指定两点创建圆

图 3-7　两点画法创建圆

<记要>：

输入的数值即为该圆的直径值。

小试牛刀3

以图 3-8 所示长 100mm 的线段 AB 为直径，采用两点画法创建圆。

4. 三点画法

单击"圆"按钮下方倒三角→单击三点画圆按钮三点→在绘图区单击，确定第一个点→拖动鼠标指针至第二个点并单击→拖动鼠标指针至第三个点并单击→完成指定三点创建圆，如图 3-9 所示。

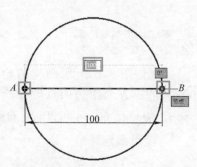

图 3-8　已知两点创建圆

a) 单击三点画圆按钮

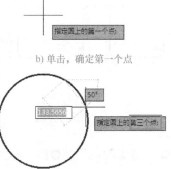

b) 单击，确定第一个点

c) 拖动鼠标指针至第二个点并单击

d) 拖动鼠标指针至第三个点并单击

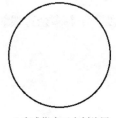

e) 完成指定三点创建圆

图 3-9　三点画法创建圆

大展身手

灵活应用以上绘制圆的方法完成［任务描述］中图 3-1 所示图样。

任务 2　圆弧的创建与应用

圆弧的创建
及应用

任务描述

图 3-10 所示为螺母外观平面图，本任务将利用直线、圆和圆弧等指令实现螺母外观平面图的绘制。

思路引导

1. 绘制长 17.77mm、宽 8.4mm 的长方形。
2. 利用尺寸 8.89mm 绘制内部的两条线。
3. 如图 3-11 所示，以 AB 线段的中心点 C 为起点，向正下方绘制长 20mm 的线段 CO。

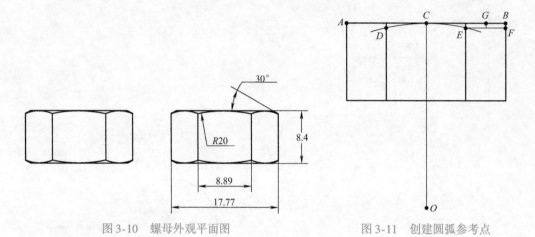

图 3-10　螺母外观平面图　　　　　　　　　　图 3-11　创建圆弧参考点

4. 以 O 点为圆心绘制整圆，与内线产生交点 D 和 E。
5. 以 E 点为起点作水平线段，与右边线产生交点 F。
6. 以线段 EF 的中点为起点向正上方作线段，与 AB 产生交点 G。
7. 过 E、G、F 三个已知点绘制三点圆弧。
8. 以 F 为起点向左上方绘制线段，修剪多余边线。
9. 同理绘制其余圆弧。

学习新指令

圆弧。

工具箱

名　称	图　标	备　注
直线	直线	L
圆弧	圆弧	A
修剪		TR

任务步骤

1. 三点画法

单击"圆弧"按钮 ⌒ 下方倒三角→单击三点画弧按钮 ⌒ 三点→在绘图区单击,确定圆弧的起点→拖动鼠标指针至另一位置,单击,确定圆弧的第二个点→拖动鼠标指针至第三个位置,单击,确定圆弧的端点→完成三点创建圆弧,如图3-12所示。

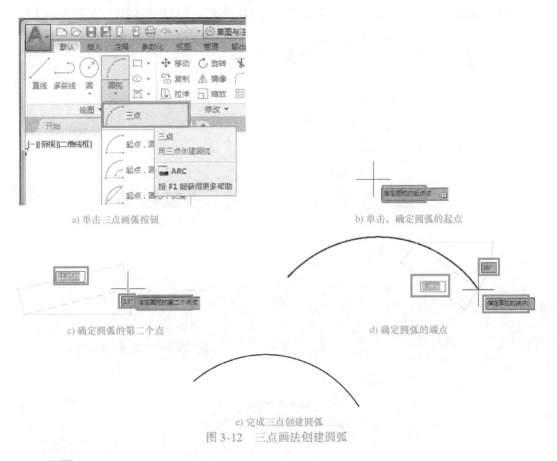

a) 单击三点画弧按钮　　　　　　　　　b) 单击,确定圆弧的起点

c) 确定圆弧的第二个点　　　　　　　　d) 确定圆弧的端点

e) 完成三点创建圆弧
图3-12　三点画法创建圆弧

<记要>:
绘制三点圆弧时主要有两个参数:弦长和夹角。

小试牛刀

如图3-13所示,已知A点与B点的距离为10mm,C点与A点的水平距离为6.7mm、垂直距离为2.5mm,以A、B、C三个点创建圆弧。

2. 起点,圆心,端点画法

单击"圆弧"按钮 ⌒ 下方倒三角 → 单击"起点,圆心,端点"画弧按钮

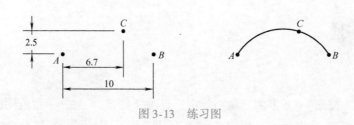

图 3-13　练习图

起点,圆心,端点→在绘图区单击,确定圆弧的起点→拖动鼠标指针至圆心所在位置处单击,确定圆弧的圆心→拖动鼠标指针至圆弧的端点处单击→完成圆弧创建,如图 3-14 所示。

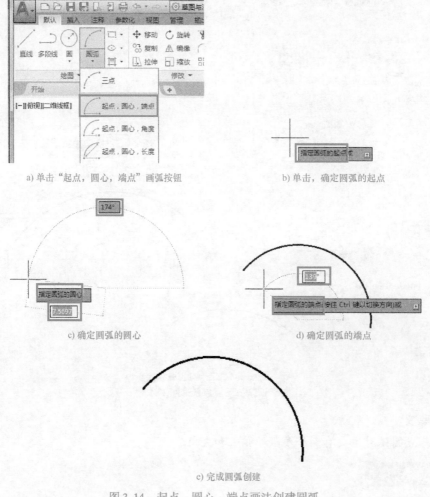

a) 单击"起点,圆心,端点"画弧按钮　　　　b) 单击,确定圆弧的起点

c) 确定圆弧的圆心　　　　d) 确定圆弧的端点

e) 完成圆弧创建

图 3-14　起点,圆心,端点画法创建圆弧

3. 其余画法

圆弧的主要参数有圆心、半径、起点、端点、弦长和弧度,在圆弧的画法中,主要由以上六项中的三项确定其形状。创建圆弧的其余画法如图 3-15 所示。

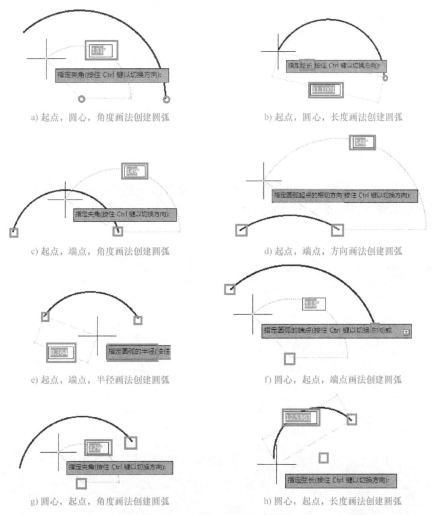

a) 起点，圆心，角度画法创建圆弧　　　　　b) 起点，圆心，长度画法创建圆弧

c) 起点，端点，角度画法创建圆弧　　　　　d) 起点，端点，方向画法创建圆弧

e) 起点，端点，半径画法创建圆弧　　　　　f) 圆心，起点，端点画法创建圆弧

g) 圆心，起点，角度画法创建圆弧　　　　　h) 圆心，起点，长度画法创建圆弧

图 3-15　创建圆弧的其余画法

最后一种创建方法是用已创建圆弧的端点为起点创建一条新的圆弧，主要由弦长与水平方向的夹角和弦长两个参数确定其形状。在已有圆弧基础上创建连续圆弧如图 3-16 所示。

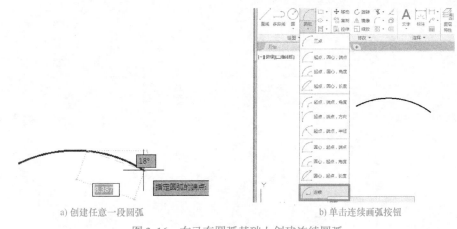

a) 创建任意一段圆弧　　　　　　　　　b) 单击连续画弧按钮

图 3-16　在已有圆弧基础上创建连续圆弧

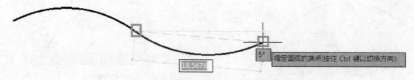

c) 创建连接上一段圆弧的新圆弧

图 3-16　在已有圆弧基础上创建连续圆弧（续）

大展身手

灵活应用圆弧的创建方法，结合直线指令、删除和修剪指令的应用，完成 [任务描述] 中如图 3-10 所示螺母外观平面图的绘制。

项目4

绘图主要功能的编辑应用

除了直线、矩形、多边形、圆和圆弧等基本图形的创建以及删除、修剪等简单指令的应用，在创建较复杂图形的过程中，通常需要应用图形选取、图形节点编辑、状态栏适时开启和关闭等功能，从而提高绘图的速度和质量。

任务1 图形元素的选取

任务描述

如图 4-1 所示，需要把左边图形内部的横、纵两条辅助线删除，最终得到右边的图形，因此需要选中内部的两条线段并将其删除。

图 4-1 删除辅助线

思路引导

1. 选中内部的横、纵两条线段。
2. 按 < Delete > 键删除被选中的线段。

学习新指令

单击选取图形元素；单击并拖动框选图形元素。

工具箱

无。

任务步骤

绘制完成的图形元素经常需要执行选择、编辑、查看属性以及删除等操作，所以在 AutoCAD 2019 软件的应用过程中选取图形元素显得十分重要。接下来主要围绕选取元素的方法进行介绍和演示，主要有单击选取和区域拖选两种选取方式。

1. "选择集"选项卡参数设置

在绘图区右击→在弹出的快捷菜单中选择"选项（O）"命令→弹出"选项"对话框，如图 4-2 所示。

"选项"对话框中的各控制选项一般保持默认设置，也可以根据使用需要灵活设置"选择集"标签页中拾取框的大小、选中元素的夹点尺寸以及颜色、窗口选择方法和选择效果颜色等。

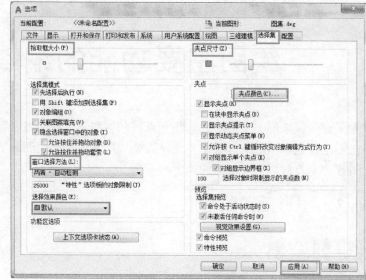

a) 右击后选择"选项"命令   b) 设置"选择集"选项卡的参数

图 4-2   "选择集"选项卡参数设置

2. 单击选取图形元素

创建一个直径为 100mm 的圆→移动鼠标指针至圆周上→图样变亮→单击,图样呈选中状态,如图 4-3 所示。

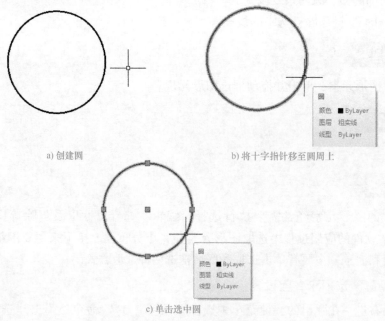

a) 创建圆   b) 将十字指针移至圆周上

c) 单击选中圆

图 4-3   单击选取图形元素

在图 4-3 中,被选中的图形元素在默认情况下呈蓝色,同时圆心位置处出现一个蓝色正方形节点,圆周方向上分别在 0°、90°、180° 和 270° 位置各出现一个蓝色的方形节点,称为象限点,分别在圆周的四个象限交界处。

<记要>：

单击一次只能选中一个元素，线段被选中时呈现两个端点和一个中点。

3. 区域拖选

区域拖选也称为区域框选或窗口选取，主要利用单击或按压鼠标左键拖动产生的矩形框或套索框所覆盖的区域对图样元素进行选取，有完全覆盖选取和局部覆盖选取两种操作方法。

（1）完全覆盖选取　将鼠标指针移至图4-3a所示圆的左上角并单击→拖动鼠标指针向右下角移动，产生一个矩形覆盖区，使其完全覆盖圆→单击，圆呈选中状态，如图4-4所示。

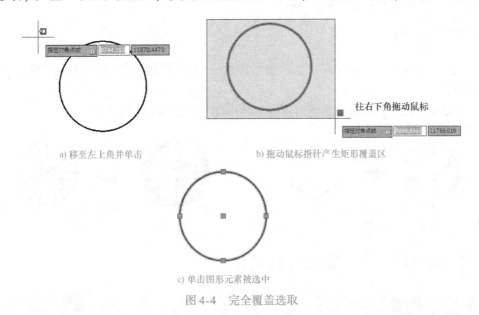

图4-4　完全覆盖选取

（2）局部覆盖选取　将指针移至图4-3a所示圆周右侧并单击→拖动鼠标指针向左上角移动，产生一个矩形覆盖区→只要覆盖区局部覆盖圆边或线段即可单击→整圆或整条线段即被选中，如图4-5所示。

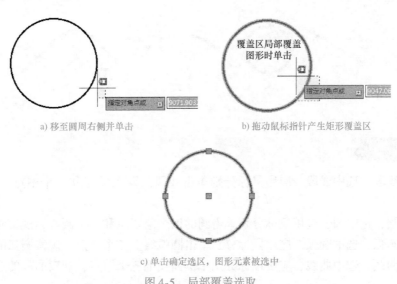

图4-5　局部覆盖选取

< 记要 > :

1) 从左上角拖选，须全部覆盖图形元素；从右下角拖选，覆盖图形元素的局部即可。

2) 删除多余元素或修剪多余线条时的选取也执行以上操作。

3) 撤销选中状态，按 <Esc> 键。

小试牛刀

灵活应用"直线"指令创建 [任务描述] 中如图 4-1 所示图样，并灵活应用图形元素的选取方法完成图 4-1 所示任务。

大展身手

1. 如图 4-6 所示，删除左侧图形六边形顶点处的小圆以及内部的线段，最终得到右侧的正六边形。

2. 如图 4-7 所示，删除左侧图形圆周上的小圆，最终得到右侧图形。

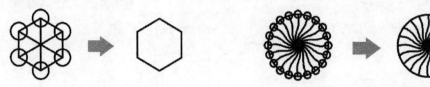

图 4-6　练习图（一）　　　　　　　　图 4-7　练习图（二）

任务 2　图形元素的节点及编辑应用

任务描述

已经创建的直线、圆、圆弧和曲线等图形元素在选中时，会在图形上出现蓝色的标识节点，现在需要通过编辑图形元素上的节点掌握节点的应用。图形元素被选中时的标识节点，如图 4-8 所示。

图 4-8　图形元素被选中时的标识节点

思路引导

1. 创建线段，选中线段，应用鼠标分别单击线段的两个端点和一个中点，观察线段的变化。

2. 创建圆，选中圆，应用鼠标分别单击圆的四个象限点和一个圆心，观察圆的变化。

3. 创建圆弧，选中圆弧，应用鼠标分别单击圆弧线上三个节点，观察圆弧的变化。

4. 创建曲线，选中曲线，应用鼠标分别单击曲线上三个节点，观察曲线的变化。

学习新指令

曲线。

工具箱

名　称	图　标	备　注
样条曲线	∿	SPL

任务步骤

图形元素处于被选中状态时，在其主要几何位置处将呈现方形的节点，对这些节点可进行选取并编辑，可改变图形的位置和形状等参数。

1. 线段的节点及编辑应用

如图 4-9 所示线段 AB，该线段被选中后的状态如图 4-10 所示，线段上呈现三个方形节点，左、右两个节点是线段的起点和终点，称为线段的端点，中间一个节点是该线段的中点，指针悬停在任一节点的上方，节点颜色将加深。

A ———————————— B

图 4-9　线段 AB

端点1　　　　中点　　　端点2
A ——————————— B

图 4-10　线段 AB 被选中后的状态

（1）端点

1）将指针移至任一端点节点上，界面将显示该线段的长度和该线段与水平方向的夹角，指针的右下角出现"拉伸"和"拉长"选项，如图 4-11 所示。

2）指针移至任一端点节点上→单击并拖动鼠标指针→改变当前线段的长度和角度，如图 4-12 所示。

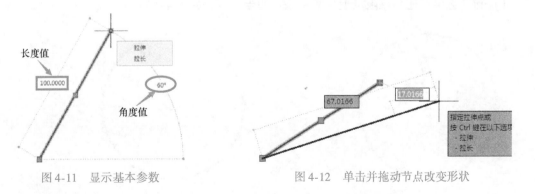

图 4-11　显示基本参数　　　　　　　　图 4-12　单击并拖动节点改变形状

<记要>：

此处的角度为线段与绘图环境的绝对坐标 X 轴正半轴的夹角，指针分别悬停在线段的两个端点上所显示的两个夹角不一致，这是因为起点和终点的相对参考位置发生了改变，通常以指针未悬停的端点作为参考起始点计算另一端点与 X 轴正半轴的夹角，如图 4-13 所示。

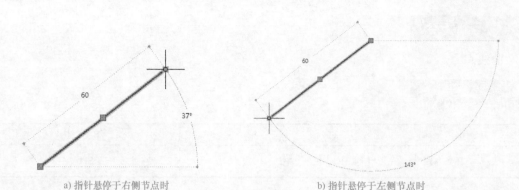

a) 指针悬停于右侧节点时　　　　　　　　　b) 指针悬停于左侧节点时

图 4-13　不同节点不同角度参数

（2）中点　将指针移至中点节点→单击，节点呈三角形状→移动鼠标指针，线段整体随指针移动→单击则确定放置位置，线段的长度和夹角保持不变，如图 4-14 所示。

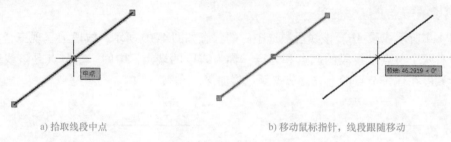

a) 拾取线段中点　　　　　　　　　　b) 移动鼠标指针，线段跟随移动

图 4-14　拾取中点移动线段

2. 圆的节点及编辑

如图 4-15 所示，圆被选中时呈现五个节点，中心区域的节点为圆心所在位置；其余四个节点分别分布在四个象限的交界位置，称为象限点，分布在整个圆的左、右和上、下位置。

1）指针悬停在任一象限点上→显示该圆的半径值，如图 4-16 所示。

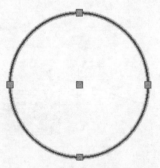
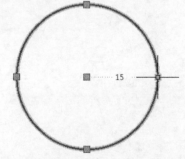

图 4-15　圆被选中时的状态　　　　　图 4-16　指针悬停在象限点上显示圆的半径值

2）单击任一象限点→拖动鼠标指针→圆的大小发生改变，如图 4-17 所示。

3）单击圆心节点→拖动鼠标指针→圆整体随指针移动→单击，停止在新的位置，圆的大小不变，如图 4-18 所示。

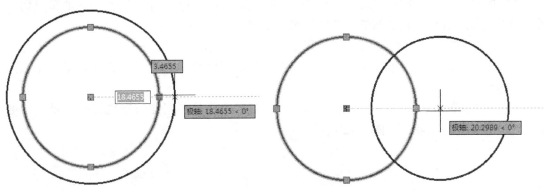

图 4-17　单击任一象限点并拖动鼠标　　　　图 4-18　单击圆心节点并拖动
　　　　　指针可改变圆的大小　　　　　　　　　　　鼠标指针可改变圆的位置

3. 圆弧的节点及编辑

如图 4-19 所示，圆弧被选中时呈现四个节点，弧线上有三个节点，分别是两个端点和一个中点，圆弧内侧的一个节点为圆心所在位置。

1）指针悬停至圆弧端点，显示距离和夹角：距离是该节点与圆心节点的间距，夹角是该节点连接圆心节点产生的线段与 X 轴正半轴的夹角，如图 4-20a、b 所示。

图 4-19　圆弧被选中时的状态

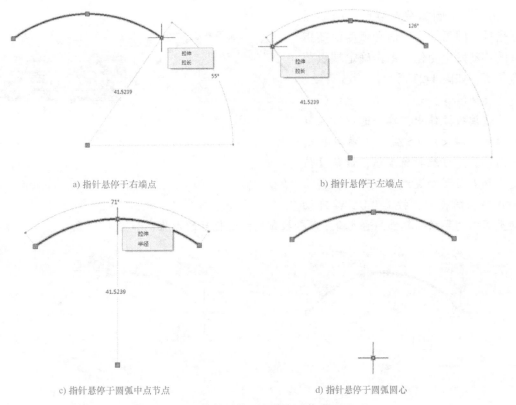

a) 指针悬停于右端点　　　　　　　　　　　　b) 指针悬停于左端点

c) 指针悬停于圆弧中点节点　　　　　　　　　d) 指针悬停于圆弧圆心

图 4-20　指针悬停至各节点时信息显示

2）指针悬停于圆弧中点节点上方，显示距离和弧度：距离是中点节点与圆心节点的间距，弧度是该圆弧两个端点间的弧度值，如图 4-20c 所示。

3）指针悬停于圆弧圆心节点上方，界面无其他参数显示，节点呈红色，如图 4-20d 所示。

4）单击圆心节点→拖动鼠标指针→圆弧整体随指针移动→单击停止在新的位置，如图 4-21 所示。

5）单击圆弧中点节点→拖动鼠标指针→圆弧的半径值和弧度值随指针的移动发生变化→单击确定圆弧形状，如图 4-22 所示。

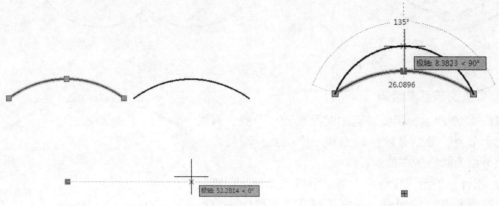

图4-21　单击圆心节点并拖动鼠标指针改变圆弧位置　　　图 4-22　单击圆弧中点节点并拖动鼠标指针改变圆弧形状

6）单击圆弧端点节点→拖动鼠标指针→圆弧的半径值和弧度值随指针的移动发生变化→单击确定端点节点位置，如图 4-23 所示。

＜拓展＞：

在该项操作中，单击选中端点节点后，可按＜Ctrl＞键进入参数控制状态，首先可编辑角度值，该角度值是由端点与圆心连线形成的线段与 X 轴正半轴的夹角；按＜Tab＞键可切

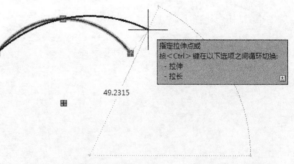

图 4-23　单击圆弧端点节点并拖动鼠标改变圆弧形状

换至圆弧的半径参数栏，通过输入参数控制圆弧变化后的形状，如图 4-24 所示。

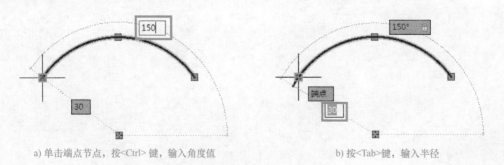

a) 单击端点节点，按<Ctrl>键，输入角度值　　　　b) 按<Tab>键，输入半径

图 4-24　圆弧角度与半径编辑

4. 曲线的节点及编辑

（1）创建曲线 单击"绘图"工具栏 绘图▼ 右侧倒三角→在下拉菜单中单击"样条曲线拟合"按钮 ∿ →在绘图区单击，确定曲线起点→拖动鼠标指针至另一位置，单击，确定第二个点→拖动鼠标指针至另一位置，单击，确定第三个点→按＜Enter＞键，完成曲线的创建，如图4-25所示。

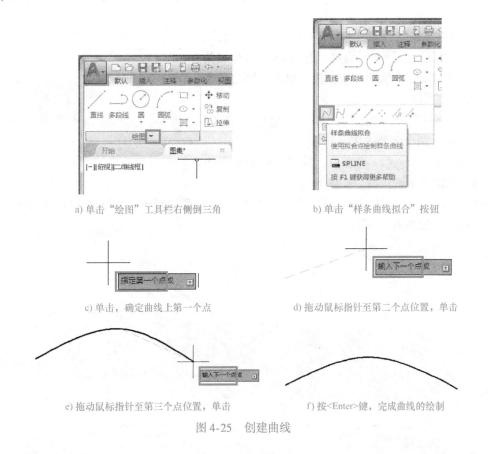

a) 单击"绘图"工具栏右侧倒三角　　　　　b) 单击"样条曲线拟合"按钮

c) 单击，确定曲线上第一个点　　　　　d) 拖动鼠标指针至第二个点位置，单击

e) 拖动鼠标指针至第三个点位置，单击　　　　　f) 按＜Enter＞键，完成曲线的绘制

图4-25　创建曲线

＜记要＞：

创建曲线至少需要两个点。

退出曲线命令时可按＜Enter＞键，不可使用＜Esc＞键。

（2）节点编辑 选中曲线时，曲线将呈现绘制曲线时单击的基点，例如，创建曲线时单击了三次，则该曲线被选中时呈现三个方形节点，此外，在起点节点右下角还另有一个倒三角节点，如图4-26所示。

图4-26　曲线被选中状态

1）指针悬停于起点节点和终点节点时，指针右下角将出现选择窗口，选择窗口中分别有"拉伸拟合点""添加拟合点""删除拟合点"和"相切方向"四个选项，如图4-27所示。

2）指针悬停于中间节点时，指针右下角出现选择窗口，选择窗口中分别有"拉伸拟合

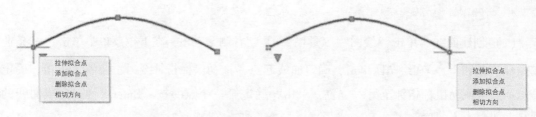

图 4-27　指针悬停于曲线起点节点和终点节点

点""添加拟合点""删除拟合点"三个命令选项。

3）单击任一方形节点→拖动鼠标指针→曲线的曲率和长度随指针的移动发生变化→单击，则确定为当前状态，如图 4-28 所示。

4）单击倒三角，弹出下拉列表，包括"拟合"和"控制点"两个命令选项。

图 4-28　单击并拖动方形节点编辑曲线

① 在"拟合"选项状态下，单击并拖动曲线上的方形节点即可编辑曲线，如图 4-28 所示。

② 在"控制点"选项状态下，曲线附近将出现圆形控制点，单击并拖动圆形控制点即可编辑曲线，如图 4-29 所示。

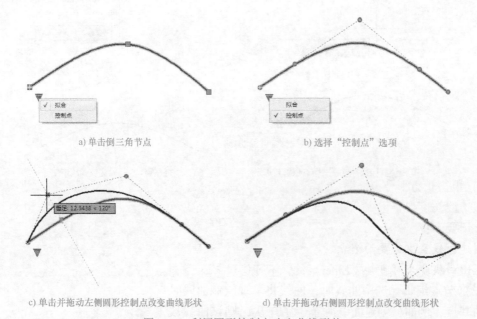

a) 单击倒三角节点　　　　　　　　　　b) 选择"控制点"选项

c) 单击并拖动左侧圆形控制点改变曲线形状　　　d) 单击并拖动右侧圆形控制点改变曲线形状

图 4-29　利用圆形控制点改变曲线形状

5. 多边形的节点及编辑

如图 4-30 所示，选中状态下的五边形在各顶点位置处显示方形节点，在各边的中点位置处显示长方形节点。

1）将指针悬停于任一方形节点时，将显示出与该节点相关的两条边的边长参数，同时指针右下角弹出下拉列表，包括"拉伸顶点""添加顶点"和"删除顶点"三个命令选项，如图 4-31 所示。

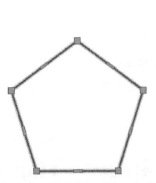
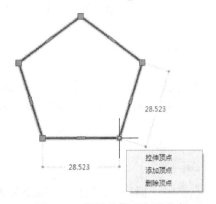

图 4-30　选中状态下的五边形　　　图 4-31　指针悬停于方形节点

2）指针悬停于任一长方形节点时，指针右下角将弹出下拉列表，包括"拉伸""添加顶点"和"转换为圆弧"三个命令选项，如图 4-32 所示。

3）单击方形节点→拖动鼠标指针→该节点对应的五边形顶点位置随指针的移动发生变化，五边形的形状相应发生变化→单击，确定节点位置，如图 4-33 所示。

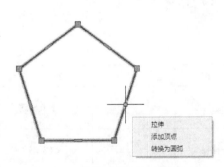
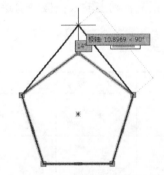

图 4-32　指针悬停于长方形节点　　　图 4-33　单击方形节点改变五边形形状

4）单击长方形节点→拖动鼠标指针→该节点所在边缘整体位置随指针的移动发生变化，但边线长度保持不变→单击，确定边线位置，如图 4-34 所示。

大展身手

利用"样条曲线拟合"指令创建样条曲线，并通过调整曲线上的各个节点绘制接近图 4-35 所示的图样。

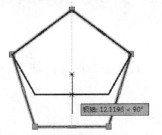
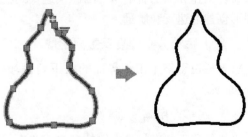

图 4-34　单击长方形节点改变五边形形状　　　图 4-35　曲线绘制

任务3　状态栏的主要应用

任务描述

在图形创建过程中，理解并掌握 AutoCAD 2019 软件中状态栏所包含的"栅格""正交""动态输入""极轴追踪""对象捕捉"和"显示/隐藏线宽"等主要辅助功能按钮的功能及应用。

思路引导

调整状态栏中"栅格""正交""动态输入""极轴追踪""对象捕捉"和"显示/隐藏线宽"等各个辅助功能按钮的开启和关闭两种状态，分别在这两种状态下创建直线、圆和多边形等图形元素，观察两种状态下的差异，了解各项辅助功能按钮的应用特点，以便在今后的绘图中灵活、正确地选用，从而提高绘图效率、质量。

学习新指令

栅格；正交；动态输入；极轴追踪；对象捕捉；显示/隐藏线宽。

工具箱

名　称	图　标	备　注	名　称	图　标	备　注
栅格	⊞	＜F7＞键	极轴追踪	 ⊘	＜F10＞键
正交	 ⌐	＜F8＞键	对象捕捉	 ⬚	＜F3＞键
动态输入	 ⁺▭	DYNM	显示/隐藏线宽	 ≣	LW

任务步骤

在图形创建过程中，对已有元素的端点、中点和象限点等的捕捉，辅助创建水平线、竖直线，显示与隐藏线宽以及显示与隐藏动态输入等各项操作都十分重要，而这些辅助功能按钮分布在工作界面的右下角，因此快速找到辅助功能按钮位置，并做到合理开、关，能够提高图形创建的速度和质量。

1. 状态栏的分布位置及主要组成

状态栏位于整个工作界面的右下角区域（图 1-7），其上分布的常用辅助功能按钮如图 4-36 所示。

2. 自定义常用辅助功能

将指针移至状态栏最右侧的"自定义"按钮≡并单击→弹出选项菜单，如图 4-37 所示，有"捕捉模式""栅格""对象捕捉追踪"和"极轴追踪"等命令，左侧打钩表示状态栏显示此功能→单击命令可改变其在状态栏的显示状态。

图 4-36　状态栏常用辅助功能按钮　　　　　　图 4-37　状态栏"自定义"选项菜单

常用辅助功能应用如下。

（1）栅格（F7）　应用 AutoCAD 2019 软件新创建文档时，绘图区会自动打开栅格，一般绘图过程中不经常用到，可在绘图前将其关闭，也可到"自定义"选项菜单将"栅格"取消勾选。键盘上的 <F7> 键可控制"栅格"的开和关，如图 4-38 所示。

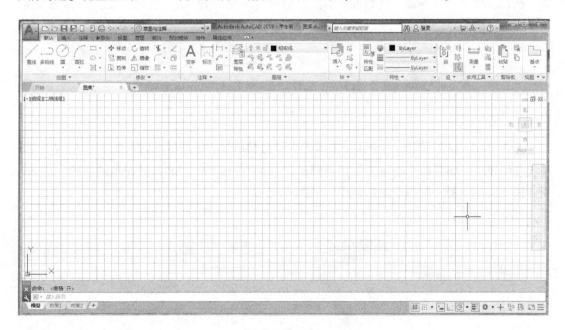

a)"栅格"开启

图 4-38　"栅格"开关状态

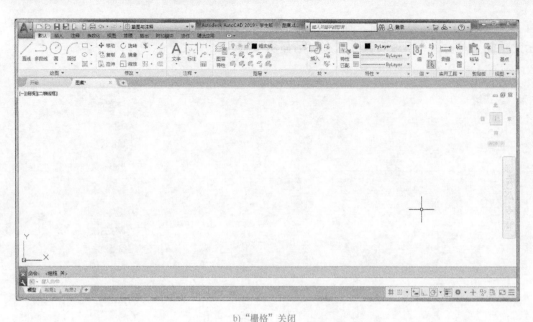

b)"栅格"关闭

图4-38 "栅格"开关状态（续）

（2）正交（F8） "正交"开启时，在绘制线段过程中线段不倾斜，主要方便绘制水平线段和竖直线段，键盘上的 < F8 >键可控制"正交"的开和关。

1）"正交"开启。如图4-39a所示，状态栏中的"正交"按钮 颜色变暗，单击"正交"按钮或按下 < F8 >键，命令行显示文字信息" < 正交开 >"，同时"正交"按钮变亮，如图4-39b所示。

a)"正交"关闭   b)"正交"开启

图4-39 "正交"按钮开关状态

① 单击"直线"按钮 →在绘图区单击并拖动鼠标→绘图区此时只显示水平和竖直两种状态的线段，即只可绘制与 X 轴正半轴呈 $0°$、$90°$、$180°$和 $270°$四种夹角的线段→输入数值→按 < Enter >键→完成线段的创建，如图4-40所示。

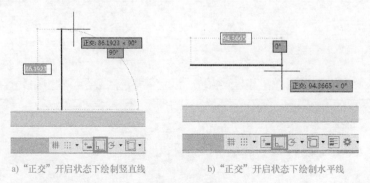

a)"正交"开启状态下绘制竖直线   b)"正交"开启状态下绘制水平线

图4-40 "正交"开启状态下绘制竖直线与水平线

<记要>：

绘制线段过程中"正交"可随时进行启用和关闭，可根据实际应用灵活开启或关闭。

② 单击"多边形"按钮 ⬠ 多边形→输入边数"5"→按<Enter>键→在绘图区单击，确定五边形中心→选择基准圆类型为"内接于圆"→拖动鼠标上、下、左、右移动，观察五边形的形状变化→单击确立五边形，如图 4-41 所示。

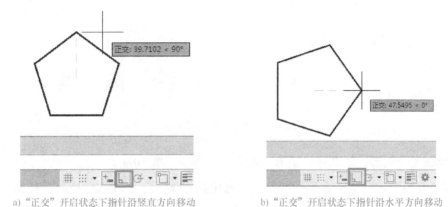

a)"正交"开启状态下指针沿竖直方向移动　　　　b)"正交"开启状态下指针沿水平方向移动

图 4-41　"正交"开启状态下绘制五边形的不同放置形式

2)"正交"关闭。如图 4-39a 所示，状态栏中"正交"按钮颜色变暗，此时即为"正交"关闭状态，绘制图形不再受水平或竖直两个方向的约束，可自由绘制图形，创建线段时，可以灵活移动线段并创建任意角度的线段。

（3）动态输入　"动态输入"按钮 ⊞ 亮，则"动态输入"功能开启，在该状态下输入指令或绘制图形时，在绘图区指针附近可看到相应的文字提示，如图 4-42 所示。

"动态输入"按钮颜色变暗，则"动态输入"功能关闭，在该状态下绘图区指针附近不显示任何信息，只可在左下角命令行查看文字提示，如图 4-43 所示。

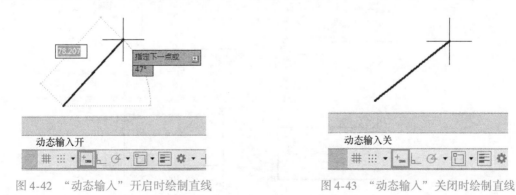

图 4-42　"动态输入"开启时绘制直线　　　　图 4-43　"动态输入"关闭时绘制直线

（4）极轴追踪（F10）　单击"极轴追踪"按钮 ⊙ 或按<F10>键，若该按钮颜色变亮，则表示"极轴追踪"功能开启，同时命令行出现文字提示"<极轴开>"，此时再单击"极轴追踪"按钮或按<F10>键，则"极轴追踪"功能关闭，同时命令行出现文字提示"<极轴关>"。

1)绘制一条开放线段。"极轴追踪"开启时便于线段的方向提示，"极轴追踪"的应用如图 4-44 所示。绘制线段时可分别产生 X 轴正方向、反方向和 Y 轴正方向、反方向四条绿色虚线，指示线段放置方向，主要可提示水平线和竖直线的绘制，防止线条绘制发生倾斜。

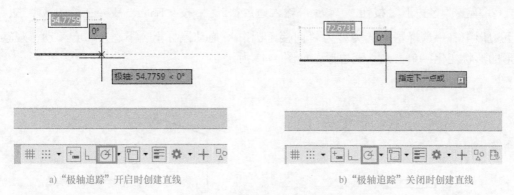

a) "极轴追踪"开启时创建直线　　　　　　　　b) "极轴追踪"关闭时创建直线

图 4-44　"极轴追踪"的应用

2）绘制闭合图形。绘制一个矩形，矩形长 100mm、宽 50mm。

单击"直线"按钮 $\diagup$→在绘图区单击，确定起点 A，沿 X 轴方向拖动鼠标指针→输入"100"→按 < Enter > 键确定端点 B→沿 Y 轴方向拖动鼠标指针→输入"50"→按 < Enter > 键确定端点 C→移动指针至起点 A 并将指针沿竖直方向移动，此时指针尾部产生一条与 A 点相连的绿色虚线，即极轴线→当指针移至与 C 点水平共线时，产生相互垂直的两条极轴线→界面显示角度（180°）和长度值（100）→单击确定 D 点→完成矩形的创建，如图 4-45 所示。

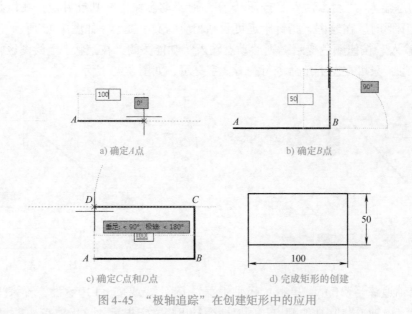

a) 确定A点　　　　　　　　　　　　　b) 确定B点

c) 确定C点和D点　　　　　　　　　d) 完成矩形的创建

图 4-45　"极轴追踪"在创建矩形中的应用

（5）对象捕捉（F3）　对象捕捉是绘图过程中必要的辅助功能，它能够准确拾取到端点、中点、圆心和交点等主要的几何点，可提高绘图的速度和质量。

1）使用前先进行对象捕捉设置，如图 4-46 所示。

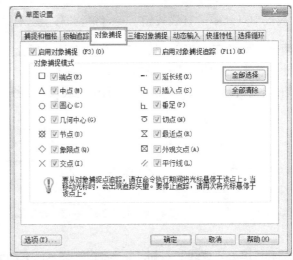

图 4-46　对象捕捉设置

将指针移至"对象捕捉"按钮 🖼 并右击→弹出选项菜单→选择"对象捕捉设置"命令→弹出"草图设置"对话框→在"对象捕捉"标签下的"对象捕捉模式"栏中单击"全部选择"按钮→单击"确定"按钮，完成对象捕捉模式的设置。

<记要>：

初学绘图过程中，建议将全部对象捕捉模式设置为开启状态，待熟练后根据绘图的实际需要灵活设置。

2）绘图前检查"对象捕捉"按钮状态，若按钮明亮则表示其功能开启，若按钮灰暗则表示其功能关闭，如图 4-47 所示。

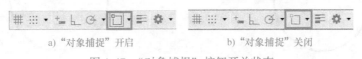

a) "对象捕捉"开启　　　　b) "对象捕捉"关闭

图 4-47　"对象捕捉"按钮开关状态

将指针移至"对象捕捉"按钮并单击→按钮变亮，同时命令行提示"<打开对象捕捉>"→再次单击按钮→按钮变暗，同时命令行提示"<对象捕捉关>"。

3）"对象捕捉"开启后的应用。

① 捕捉线段端点。单击"直线"按钮 ∕ 直线 →将指针移至已有线段的端点上→指针中心出现绿色方块，同时指针右下角出现"端点"提示→单击并拖动鼠标指针→产生一条以单击的端点为起点的新线段，如图 4-48 所示。

图 4-48　捕捉线段端点创建新线段

② 捕捉线段中点。单击直线按钮 ╱，→将指针移至已有线段的中点附近缓慢移动，当指针中心出现两个"对角三角形"时，表明指针在该线段上，当指针中心变成"正三角形"时，表明指针在该线段的中点上→单击并拖动鼠标指针→产生一条以线段中点为起点的新线段→单击或输入长度值并按<Enter>键→确定新线段，如图4-49所示。

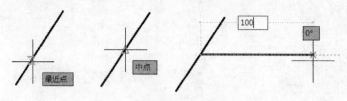

图4-49　捕捉线段中点创建新线段

③ 捕捉圆心。单击"直线"按钮 ╱，→将指针移至已有圆或圆弧的圆周线上→圆心处显示"＋"→将指针移至"＋"上→指针中心出现绿色小圆圈，同时指针右下角出现"圆心"提示→单击并拖动鼠标指针→产生以圆心为起点的新线段→单击或输入长度值并按<Enter>键→确定新线段，如图4-50所示。

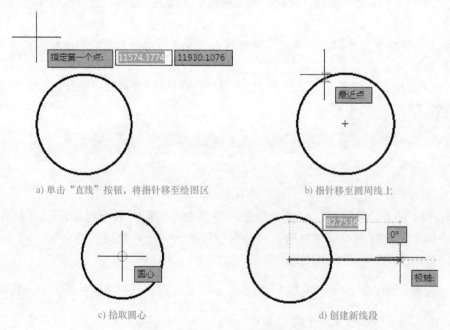

a) 单击"直线"按钮，将指针移至绘图区　　　　　　b) 指针移至圆周线上

c) 拾取圆心　　　　　　d) 创建新线段

图4-50　捕捉圆心创建新线段

单击"圆"按钮 ⊘，→将指针移至已有圆或圆弧的圆周线上→圆心处显示"＋"→将指针移至"＋"上→指针中心出现绿色小圆圈，同时指针右下角出现"圆心"提示→单击并拖动鼠标指针→产生已有圆的同心圆→单击或输入半径并按<Enter>键→确定同心圆，如图4-51所示。

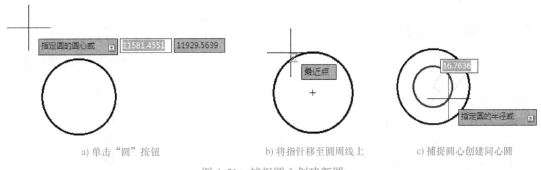

a) 单击"圆"按钮　　　　b) 将指针移至圆周线上　　　　c) 捕捉圆心创建同心圆

图 4-51　捕捉圆心创建新圆

④ 捕捉象限点。如图 4-52 所示，圆与 X 轴和 Y 轴方向上的两条中心线分别产生上、下、左、右共四个象限点 c、d、a、b。

单击"直线"按钮 直线 →将指针移至 a 点→指针中心出现"◇"且指针右下角出现"象限点"提示→单击并拖动鼠标指针→以 a 点为基准点绘制线段，如图 4-53 所示。

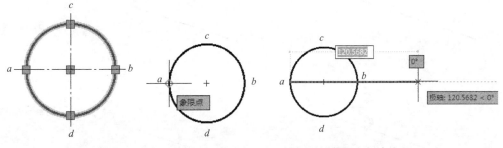

图 4-52　圆的象限点　　　　图 4-53　捕捉圆的象限点创建线段

⑤ 捕捉交点。直线与直线、直线与圆、圆与圆等图形元素相交即产生交点，如图 4-54 所示。

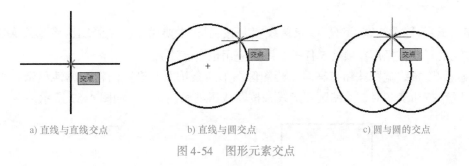

a) 直线与直线交点　　　　b) 直线与圆交点　　　　c) 圆与圆的交点

图 4-54　图形元素交点

单击"直线"按钮 直线 或"圆"按钮 圆 →将指针移至交点 a→指针中心出现"×"图样，同时指针右下角出现"交点"提示→单击并拖动鼠标指针→以 a 点为基准点绘制线段或圆，如图 4-55 所示。

⑥ 创建共线线段。单击"直线"按扭 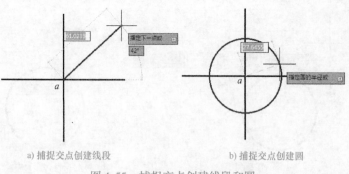 →绘制线段 AB→单击"直线"按钮 →将指针移至 B 点并将指针往线段 AB 的大致延长方向移动→B 点处会引出一段绿色虚线并随指针延伸，若指针偏离

a) 捕捉交点创建线段　　　　b) 捕捉交点创建圆

图 4-55　捕捉交点创建线段和圆

线段 AB 的延伸方向过大则延伸虚线消失，直至指针重新趋近延伸方向，延伸方向上的极轴线才重新出现→单击确定延伸线段起点 C→延伸虚线消失→再次将指针移至 B 点并将指针沿线段 AB 的延伸方向移动可重新找回延伸虚线→指针越过 C 点一段距离后单击或输入数值即可确定另一条线段 CD，且保证线段 CD 和 AB 共线，如图 4-56 所示。

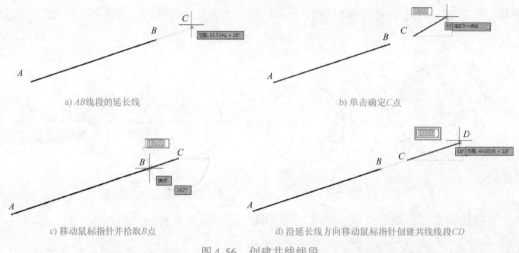

a) AB线段的延长线　　　　　　　b) 单击确定C点

c) 移动鼠标指针并拾取B点　　　　d) 沿延长线方向移动鼠标指针创建共线线段CD

图 4-56　创建共线线段

（6）显示/隐藏线宽 "显示/隐藏线宽"按钮 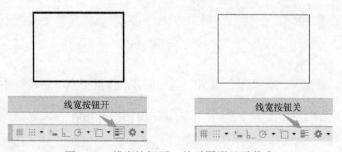 主要用于控制绘图区图形线条粗细的显示和隐藏（具体操作在项目 5 任务 8 图层应用也会陈述）。

"显示/隐藏线宽"按钮变亮时，绘图区图形线条按图层设置的粗细属性显示；"显示/隐藏线宽"按钮变暗时，绘图区图形线条按默认粗细属性显示，如图 4-57 所示。

线宽按钮开　　　　　　　　　线宽按钮关

图 4-57　线宽按钮开、关时图形显示状态

大展身手

　　灵活应用"栅格""正交""对象捕捉"和"动态输入"等状态栏中的辅助功能指令，综合应用"直线""圆""圆弧"和"多边形"工具以及"删除"和"修剪"指令，完成图 4-58 ~ 图 4-61 所示图样。

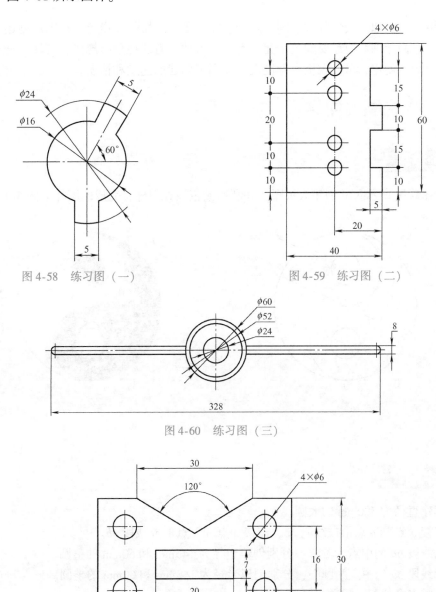

图 4-58　练习图（一）　　　　　　　　图 4-59　练习图（二）

图 4-60　练习图（三）

图 4-61　练习图（四）

项目5

简单平面图形的创建

图形填充、镜像、线性阵列、圆周阵列、相切画法应用等操作指令是图形创建中常用的几种功能，它们分别对应需要颜色填充、有对称特性、有线性分布规律、有环形分布规律和相切特性的图形创建，可以在极大程度上提高图形创建的速度和精度。

任务1 太极图的创建

任务描述

根据图 5-1a 所示尺寸创建太极图，并利用颜色填充图样，完成的图样如图 5-1b 所示。

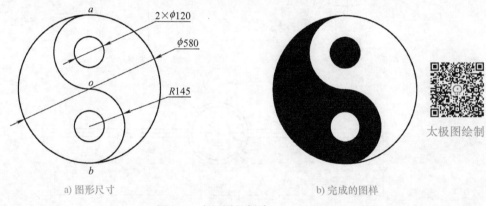

a) 图形尺寸　　　　　　　　　　　　　b) 完成的图样

太极图绘制

图 5-1　太极图的创建

思路引导

1. 创建直径为 580mm 的大圆。
2. 连接 a 点和 o 点形成线段 ao，连接 o 点和 b 点形成线段 ob。
3. 以线段 ao 的中点为圆心，分别创建半径为 145mm 和 60mm 的整圆。
4. 以线段 ob 的中点为圆心，分别创建半径为 145mm 和 60mm 的整圆。
5. 删除多余线段，修剪多余弧线。
6. 填充颜色。

学习新指令

渐变色填充。

名　称	图　标	备　注	名　称	图　标	备　注
直线	直线	L	动态输入		开
圆	圆	C	极轴追踪		开
删除		<Delete>键	对象捕捉		开
修剪		TR	渐变色填充	渐变色	GRA

任务步骤

1. 创建 ϕ580mm 大圆

单击"圆"按钮→确定圆心→输入字母"d"切换至直径画圆状态→输入直径值"580"→按<Enter>键→完成，如图5-2所示。

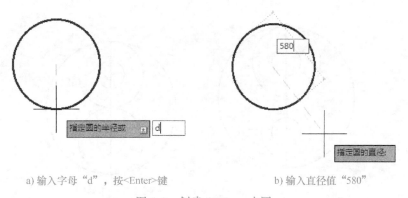

a) 输入字母"d"，按<Enter>键　　　　　b) 输入直径值"580"

图5-2　创建 ϕ580mm 大圆

2. 创建线段 *ao* 和 *ob*

单击"直线"按钮→单击上极限处 *a* 点和大圆圆心 *o* 点→单击下极限处 *b* 点→按<Enter>键完成创建，如图5-3所示。

3. 创建 *R*145mm 圆和 ϕ120mm 圆

单击"圆"按钮→拾取线段 *ao* 中点作为圆心→创建 *R*145mm 圆和 ϕ120mm 圆→拾取线段 *ob* 中点作为圆心→创建 *R*145mm 圆和 ϕ120mm 圆，如图5-4所示。

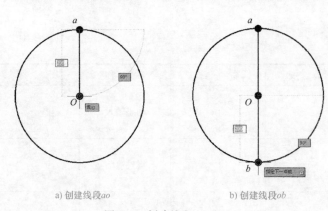

a) 创建线段 ao   b) 创建线段 ob

图 5-3   创建线段 *ao* 和 *ob*

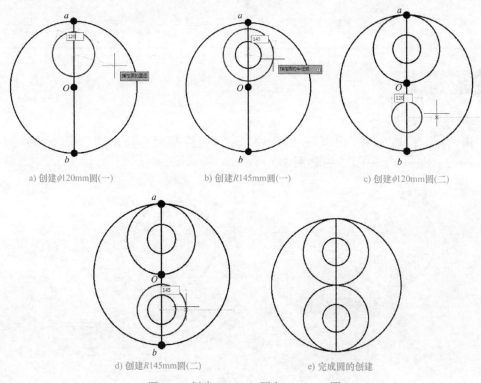

a) 创建φ120mm圆(一)   b) 创建*R*145mm圆(一)   c) 创建φ120mm圆(二)

d) 创建*R*145mm圆(二)   e) 完成圆的创建

图 5-4   创建 *R*145mm 圆和 φ120mm 圆

4. 删除与修剪

分别选中线段 *ao* 和 *ob*→按 < Delete > 键删除→输入字母 "TR"→按两次 < Enter > 键→分别单击两个 *R*145mm 圆修剪各一半圆弧，如图 5-5 所示。

5. 填充颜色

在 "绘图" 工具栏中单击填充按钮 ▦ 右侧倒三角→在下拉菜单中单击 "渐变色" 按钮 ▦渐变色→在 "特性" 工具栏中设置渐变色 1 和渐变色 2 为黑色→将指针移至 *c* 点附近单击→将指针移至 *d* 点单击→按 < Enter > 键→完成，如图 5-6 所示。

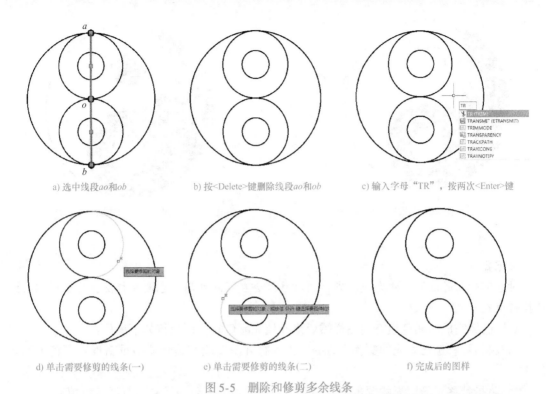

a) 选中线段ao和ob　　　　b) 按<Delete>键删除线段ao和ob　　　　c) 输入字母"TR"，按两次<Enter>键

d) 单击需要修剪的线条(一)　　　　e) 单击需要修剪的线条(二)　　　　f) 完成后的图样

图 5-5　删除和修剪多余线条

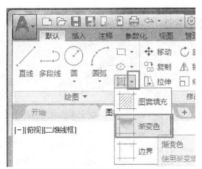

a) 单击"渐变色"按钮

b) 选取颜色

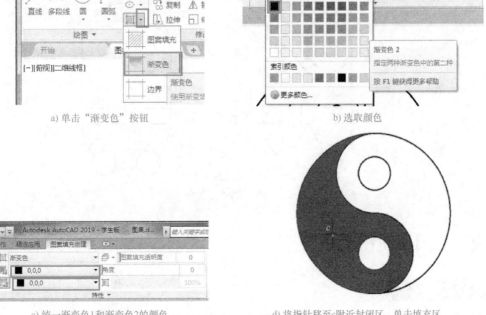

c) 统一渐变色1和渐变色2的颜色　　　　d) 将指针移至c附近封闭区，单击填充区

图 5-6　使用渐变色功能填充图样

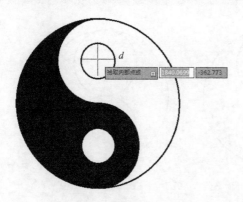

e) 将指针移至d附近封闭区，单击填充区　　　　　　　　f) 完成填充后的图样

图 5-6　使用渐变色功能填充图样（续）

<记要>：

对于不封闭的区域无法完成填充，同时系统会在断点处用红色圆圈标注，直至封闭后方可执行填充。

对于已经完成的颜色填充的图样需要修改填充颜色时，可执行如下操作：

1）将指针移至已填充的颜色上方→双击→打开图案填充编辑器→重新设定颜色1和颜色2。

2）将指针移至已填充的颜色上方→双击→删除填充颜色→重新执行渐变色填充。

大展身手

灵活应用以上绘图工具、指令和方法，完成如图5-7所示的图样。

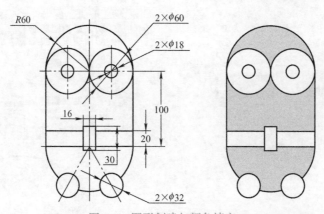

图 5-7　图形创建与颜色填充

任务2　门平面图的创建

任务描述

按照图5-8a中给定的门尺寸图完成图5-8b所示图样。

门平面图
创建

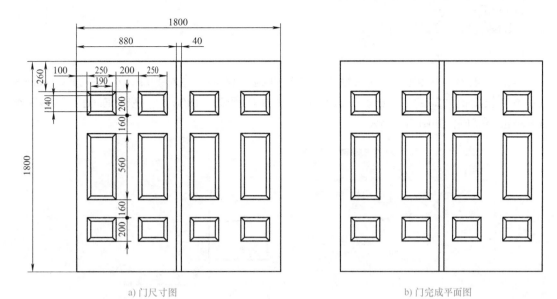

a) 门尺寸图   b) 门完成平面图

图 5-8   门的平面图

思路引导

1. 根据尺寸创建矩形。
2. 利用"偏移"指令创建等距图样。
3. 双开门为对称图样，可利用"镜像"指令快速复制完成图样。

学习新指令

偏移；镜像。

工具箱

名　称	图　标	备　注	名　称	图　标	备　注
直线	直线	L	矩形		REC
删除		<Delete>键	动态输入		开
修剪		TR	极轴追踪		开
偏移		O	对象捕捉		开
镜像	镜像	MI			

任务步骤

1. 创建 880mm × 1800mm 矩形

单击"矩形"按钮 □ →在绘图区单击并拖动鼠标→输入字母"d"→按 < Enter > 键→输入长度值"880"→按 < Enter > 键→输入宽度值"1800"→按 < Enter > 键→在绘图区单击→完成，如图 5-9 所示。

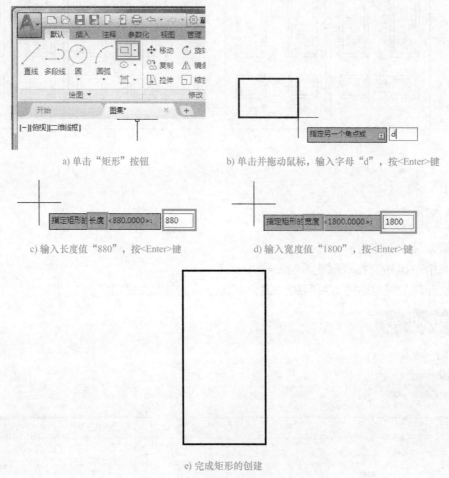

图 5-9　创建 880mm × 1800mm 矩形

2. 创建 250mm × 200mm 矩形

单击"直线"按钮 ╱ 直线 →将指针移至 a 点上方并向左侧沿极轴方向移动一段距离→单击拾取起点→向 Y 轴负方向绘制 260mm 的线段→连续绘制 X 轴正方向线段与线段 ab 交于 e 点→以 e 点为起点连续绘制 100mm 的线段 ef→以 f 为起点绘制 250mm × 200mm 的矩形→完成，如图 5-10 所示。

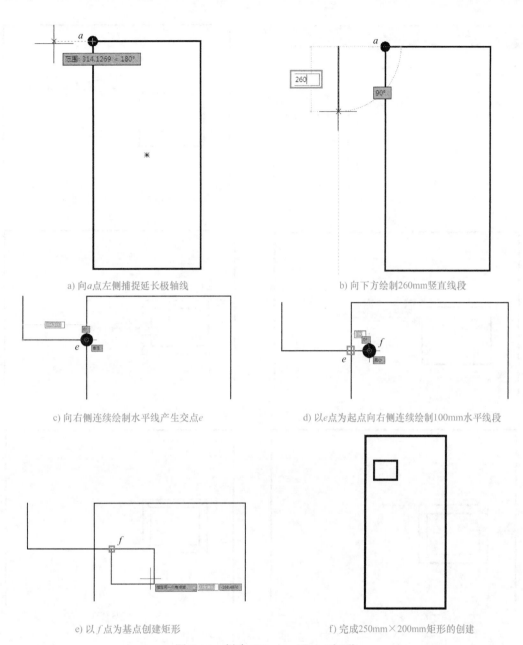

a) 向a点左侧捕捉延长极轴线

b) 向下方绘制260mm竖直线段

c) 向右侧连续绘制水平线产生交点e

d) 以e点为起点向右侧连续绘制100mm水平线段

e) 以f点为基点创建矩形

f) 完成250mm×200mm矩形的创建

图5-10 创建 250mm×200mm 矩形

3. 利用"偏移"指令创建 190mm×140mm 矩形

单击"偏移"按钮 →指针右下角出现"指定偏移距离，或"提示信息，直接输入偏移距离值"30"→按＜Enter＞键→指针变成小正方形形状，同时右下角提示"选择要偏移的对象，或"→将指针移至矩形边线上并单击→将指针移至 250mm×200mm 的矩形内部并单击→完成 190mm×140mm 矩形的创建→单击"直线"按钮→连接内外两个矩形的同侧对角顶点，如图5-11 所示。

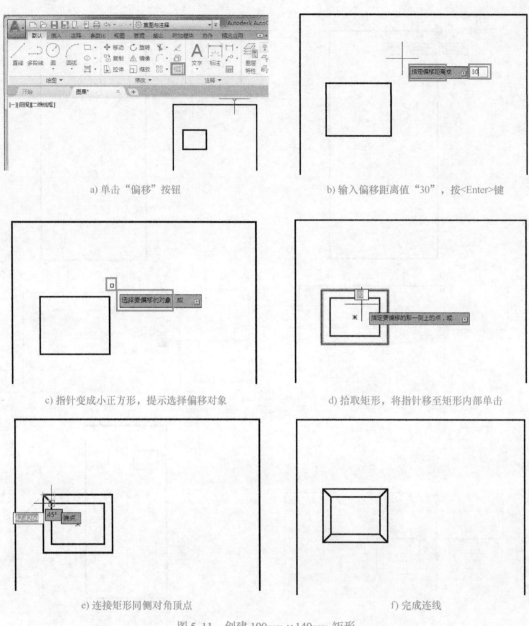

a) 单击"偏移"按钮

b) 输入偏移距离值"30"，按<Enter>键

c) 指针变成小正方形，提示选择偏移对象

d) 拾取矩形，将指针移至矩形内部单击

e) 连接矩形同侧对角顶点

f) 完成连线

图 5-11　创建 190mm×140mm 矩形

4. 创建 250mm×560mm 矩形及内部矩形

以 250mm×200mm 矩形的左下角 i 点为基点，向 Y 轴负方向绘制 160mm 的线段 ij→以 j 点为起点绘制 250mm×560mm 的矩形→单击 250mm×560mm 的矩形→单击"偏移"按钮 →输入偏移距离值"30"→按 <Enter> 键→将指针移至 250mm×560mm 矩形内部并单击→单击"直线"按钮 ──直线 →连接内外两个矩形同侧的对角顶点→完成矩形的创建，如图 5-12 所示。

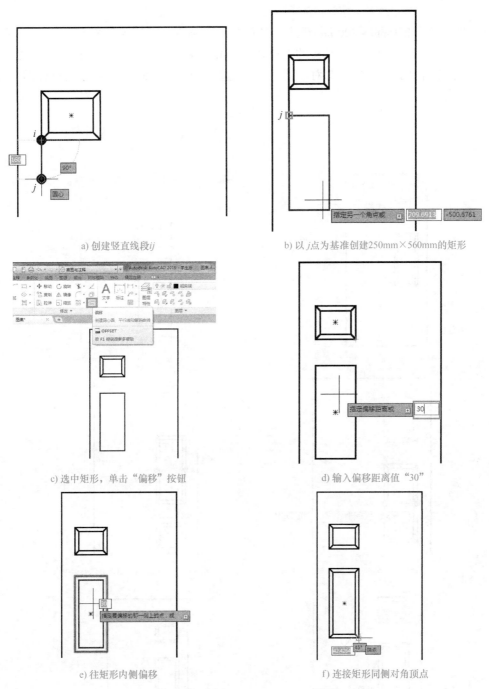

a) 创建竖直线段ij

b) 以 j 点为基准创建250mm×560mm的矩形

c) 选中矩形，单击"偏移"按钮

d) 输入偏移距离值"30"

e) 往矩形内侧偏移

f) 连接矩形同侧对角顶点

图 5-12　创建 250mm×560mm 矩形

<记要>：

　　偏移，是以被选中的已创建图形元素为母本进行指定间距的复制，可实现两侧方向和多个元素的快速复制。

5. 利用"镜像"完成剩余图形的创建

1）选中矩形 250mm×200mm 及其内部所有元素→单击"镜像"按钮 ⚟ 镜像→将指针移至 250mm×560mm 矩形左侧长边的中点 k 处单击→移动指针至右侧长边的中点 l 处单击→指针右下角弹出提示"要删除源对象吗?"→点选"否（N）命令"→完成对称图形复制，如图 5-13 所示。

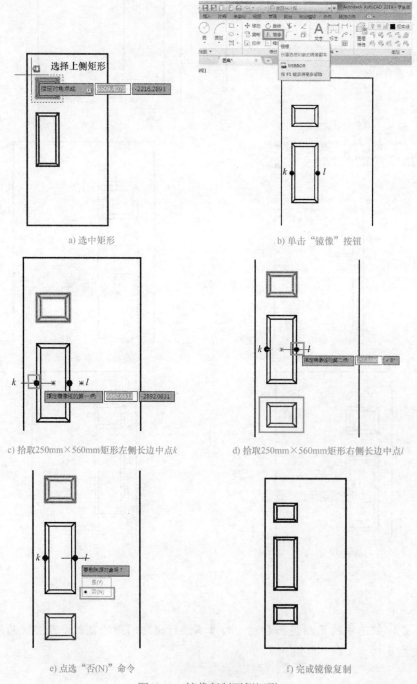

a) 选中矩形

b) 单击"镜像"按钮

c) 拾取250mm×560mm矩形左侧长边中点k

d) 拾取250mm×560mm矩形右侧长边中点l

e) 点选"否(N)"命令

f) 完成镜像复制

图 5-13　镜像复制下侧矩形

2）如图5-14所示，以 g 点为起点向右侧绘制 200mm 的水平线段 gm→选中左侧图形元素→单击"镜像"按钮 ◿ 镜像→将指针移至线段 gm 的中点处单击→移动指针向 Y 轴负方向沿极轴线移动任意一段距离后单击→按 <Enter> 键→弹出"要删除源对象吗?"，点选"否（N）"命令→完成右半部分门平面图的创建。

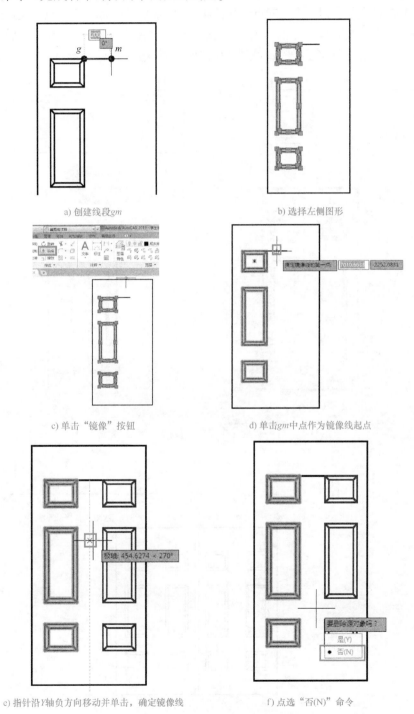

a) 创建线段 gm

b) 选择左侧图形

c) 单击"镜像"按钮

d) 单击 gm 中点作为镜像线起点

e) 指针沿 Y 轴负方向移动并单击，确定镜像线

f) 点选"否(N)"命令

图 5-14　镜像创建对称图形

<记要>：

"镜像"指令主要应用于对称图形，利用已经完成的一半图形元素作为母本，以对称中心轴线为镜像线实现对称的另一半图形元素的快速复制。

镜像线长短不限，但创建镜像线时，两次单击的点必须都落在对称中心轴线上。

3）如图5-15所示，以 d 点为起点绘制长40mm的水平线段 dp→以 c 点为起点绘制长40mm的水平线段 cr→选中左半部分门的所有图形元素→单击"镜像"按钮 ◁▷ 镜像→将指针移至线段 dp 的中点处单击→将指针移至线段 cr 线段的中点处单击→按<Enter>键→完成门平面图的创建。

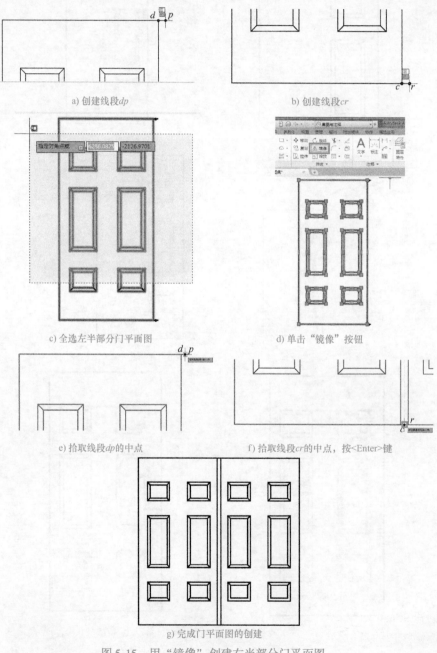

a) 创建线段dp　　　b) 创建线段cr
c) 全选左半部分门平面图　　　d) 单击"镜像"按钮
e) 拾取线段dp的中点　　　f) 拾取线段cr的中点，按<Enter>键
g) 完成门平面图的创建

图 5-15　用"镜像"创建右半部分门平面图

大展身手

灵活应用以上绘图工具、指令和方法完成图 5-16 和图 5-17 所示图样。

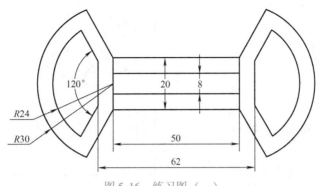

图 5-16　练习图（一）

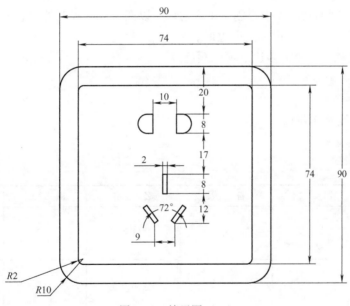

图 5-17　练习图（二）

任务3　多边形平面图的创建

任务描述

创建多边形
平面图

应用"偏移"和"阵列"指令创建网格线，定点创建多边形，并应用"填充"指令填充颜色。

1. 创建 90mm×60mm 的矩形。

2. 连接矩形的对边中点得到中心线，将矩形平均分成四份，将左上四分之一区域均分成 10 行 15 列，每个小格尺寸为 3mm×3mm，以网格左下角为坐标原点（0，0）建立坐标系，以坐标点（5，5）为圆心创建 $\phi20mm$ 的圆，以坐标点（10，1）、（10，8）、（12，3）和（12，6）为圆心分别创建 $\phi6mm$ 的圆，如图 5-18 所示。

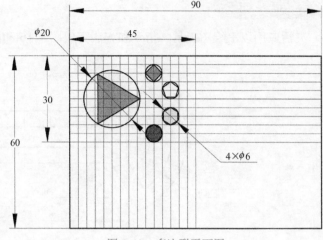

图 5-18　多边形平面图

思路引导

1. 利用"矩形"指令创建 90mm×60mm 的矩形。

2. 利用线段划分矩形，找到四分之一区域边线。

3. 应用"偏移"或"矩形阵列"指令创建网格。

4. 确定各圆心位置并创建圆。

5. 以 $\phi20mm$ 圆的圆心为中心创建正三边形，以四个 $\phi6mm$ 圆的圆心为中心分别创建正四边形、正五边形、正六边形和正七边形。

6. 应用"填充"指令为多边形填充颜色。

学习新指令

矩形阵列（线性阵列）。

工具箱

名　称	图　标	备　注	名　称	图　标	备　注
直线	直线	L	删除		<Delete>键
圆	圆	C	渐变色填充	渐变色	GRA
矩形		REC	动态输入		开
多边形		POL	极轴追踪		开
偏移		O	对象捕捉		开
阵列		AR			

任务步骤

1. 创建 90mm×60mm 的矩形

单击"矩形"按钮 □▾ →在绘制区单击并拖动鼠标指针→输入"d"→按 < Enter > 键→输入"90"→按 < Enter > 键→输入"60"→按 < Enter > 键→单击，完成 90mm×60mm 矩形创建→单击"直线"按钮 ╱ →连接 90mm×60mm 矩形的边线中点，形成线段 *ab*、*cd*，将矩形分成四等份，如图 5-19 所示。

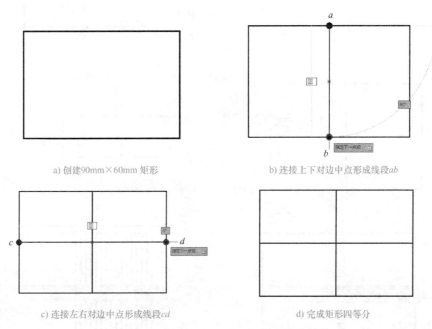

a) 创建 90mm×60mm 矩形 b) 连接上下对边中点形成线段 *ab*

c) 连接左右对边中点形成线段 *cd* d) 完成矩形四等分

图 5-19 创建 90mm×60mm 矩形并四等分

2. 创建 10 行 15 列网格

（1）"偏移"的应用

1）选中线段 *ab*→单击"偏移"按钮 ⊏ →输入偏移距离"3"→按 < Enter > 键→输入字母"m"→按 < Enter > 键→将指针移至矩形左侧连续单击 14 次→按 < Enter > 键，如图 5-20 所示。

2）选中线段 *cd*→单击"偏移"按钮 ⊏ →输入偏移距离"3"→按 < Enter > 键→输入字母"m"→按 < Enter > 键→将指针移至线段 *cd* 上侧连续单击 9 次→按 < Enter > 键，如图 5-21 所示。

（2）"矩形阵列"的应用

1）选中线段 *ab*→单击"阵列"按钮 ▦▾ 右侧的倒三角→单击下拉菜单中的"矩形阵列"按钮→在"阵列创建"菜单中修改列数为"15"，行数为"1"，"介于"为"−3"，其余保持默认→单击"阵列创建"菜单栏右侧的"关闭阵列"按钮或按 < Esc > 键退出阵列，如图 5-22 所示。

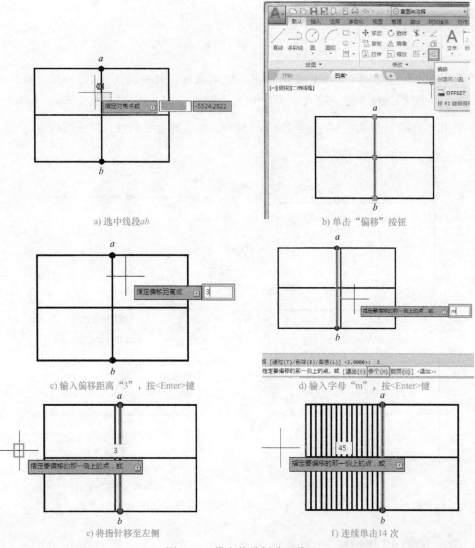

a) 选中线段ab

b) 单击"偏移"按钮

c) 输入偏移距离"3"，按<Enter>键

d) 输入字母"m"，按<Enter>键

e) 将指针移至左侧

f) 连续单击14次

图 5-20　横向偏移创建经线

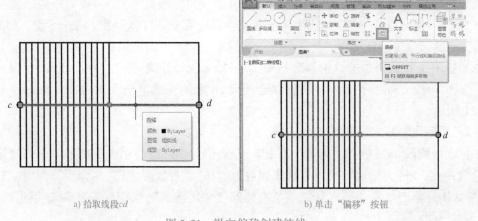

a) 拾取线段cd

b) 单击"偏移"按钮

图 5-21　纵向偏移创建纬线

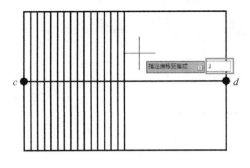

c) 输入偏移距离"3",按<Enter>键

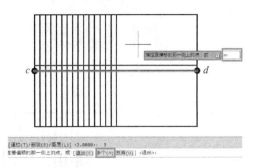

d) 输入字母"m",按<Enter>键

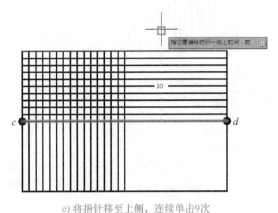

e) 将指针移至上侧,连续单击9次

图 5-21 纵向偏移创建纬线(续)

2)选中线段 *cd*→单击"阵列"按钮⊞⊞ ▾右侧的倒三角→单击下拉菜单中的"矩形阵列"按钮→在"阵列创建"菜单中修改列数为"1",行数为"10","介于"为"3",其余保持默认→按<Esc>键退出阵列,如图5-23所示。

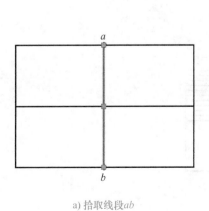

a) 拾取线段*ab*

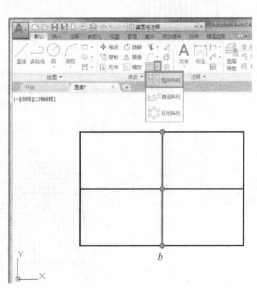

b) 单击"矩形阵列"按钮

图 5-22 横向阵列

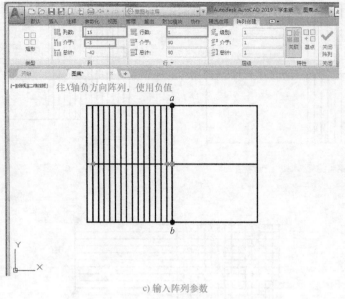

往X轴负方向阵列，使用负值

c) 输入阵列参数

图 5-22　横向阵列（续）

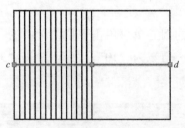

a) 拾取线段cd

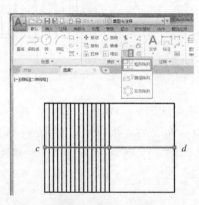

b) 单击"矩形阵列"按钮

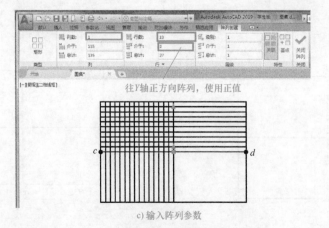

往Y轴正方向阵列，使用正值

c) 输入阵列参数

图 5-23　纵向阵列

3. 创建圆与正三角形

1）以 e 点为坐标原点（0，0），以坐标点（5，5）为圆心绘制直径为 20mm 的圆→依次以坐标点（10，1）、（10，8）、（12，3）、（12，6）为圆心绘制直径为 6mm 的圆，如图 5-24 所示。

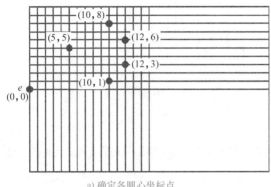

a) 确定各圆心坐标点

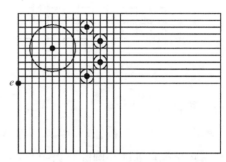

b) 绘制 ϕ20mm 和 ϕ6mm 圆

图 5-24 创建基圆

2）单击"多边形"按钮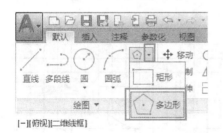→输入边数（侧面数）值"3"→按<Enter>键→拾取直径为 20mm 圆的圆心为中心点→选择"内接于圆（I）"选项→将指针移至 ϕ20mm 圆的右象限点→单击完成正三角形的创建，如图 5-25 所示。

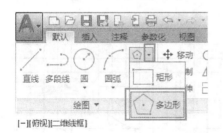

a) 单击"多边形"按钮

b) 输入边数值"3"，按<Enter>键

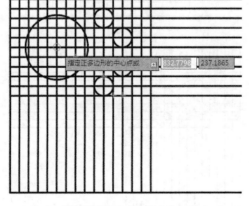

c) 拾取 ϕ20mm 圆的圆心为中心

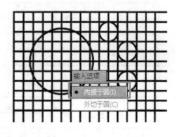

d) 选择"内接于圆(I)"选项

图 5-25 创建正三角形

e) 单击φ20mm 圆的右象限点

f) 完成正三角形的创建

图 5-25　创建正三角形（续）

4. 创建正四边形

单击"多边形"按钮 ⬠多边形→输入边数（侧面数）值"4"→按＜Enter＞键→拾取（10，8）坐标点处的小圆圆心为中心→选择"内接于圆（I）"选项→将指针移至φ6mm 圆的上象限点→单击完成正四边形的创建，如图 5-26 所示。

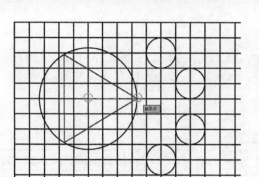

a) 单击"多边形"按钮

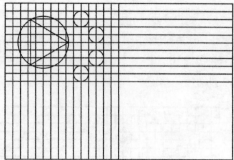

b) 输入边数值"4"，按＜Enter＞键

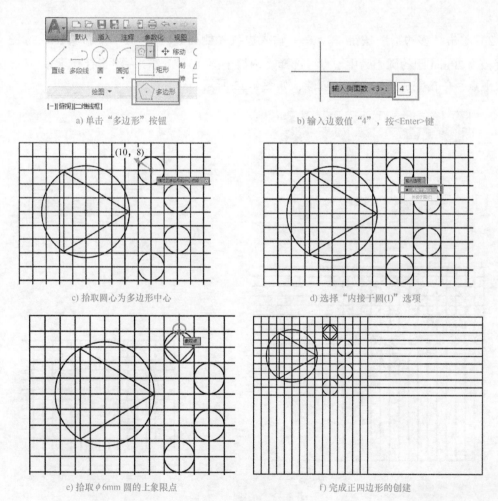

c) 拾取圆心为多边形中心

d) 选择"内接于圆(I)"选项

e) 拾取φ6mm 圆的上象限点

f) 完成正四边形的创建

图 5-26　创建正四边形

5. 创建正五边形

单击"多边形"按钮 ⬠多边形→输入边数（侧面数）值"5"→按 < Enter > 键→拾取 (12，6) 坐标点处的小圆圆心为中心→选择"内接于圆（I）"选项→将指针移至 φ6mm 圆的上象限点→单击完成正五边形的创建，如图 5-27 所示。

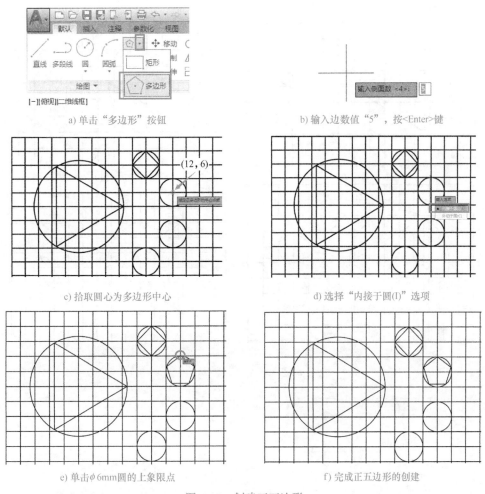

a) 单击"多边形"按钮　　　　　　　　　b) 输入边数值"5"，按<Enter>键

c) 拾取圆心为多边形中心　　　　　　　　d) 选择"内接于圆(I)"选项

e) 单击 φ6mm 圆的上象限点　　　　　　　f) 完成正五边形的创建

图 5-27　创建正五边形

6. 创建正六边形

单击"多边形"按钮 ⬠多边形→输入边数（侧面数）值"6"→按 < Enter > 键→拾取 (12，3) 坐标点处的小圆圆心为中心→选择"内接于圆（I）"选项→将指针移至 φ6mm 圆的上象限点→单击完成正六边形的创建，如图 5-28 所示。

7. 创建正七边形

单击"多边形"按钮 ⬠多边形→输入边数（侧面数）值"7"→按 < Enter > 键→拾取 (10，1) 坐标点处的小圆圆心为中心→选择"内接于圆（I）"选项→将指针移至 φ6mm 圆的上象限点→单击完成正七边形的创建，如图 5-29 所示。

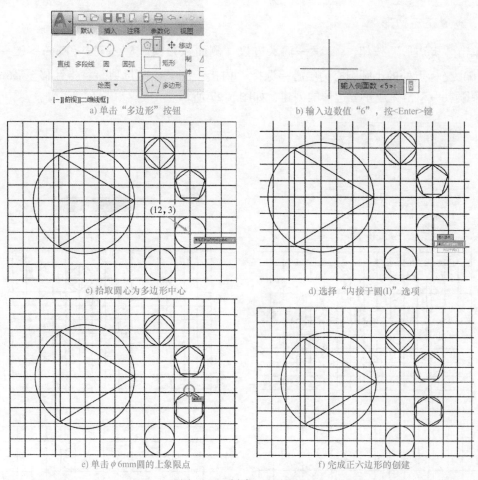

a) 单击"多边形"按钮　　　　　　b) 输入边数值"6"，按<Enter>键

c) 拾取圆心为多边形中心　　　　　　d) 选择"内接于圆(I)"选项

e) 单击φ6mm圆的上象限点　　　　　　f) 完成正六边形的创建

图5-28　创建正六边形

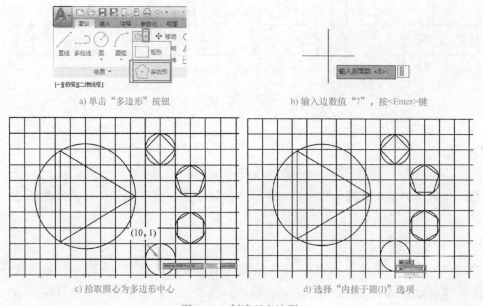

a) 单击"多边形"按钮　　　　　　b) 输入边数值"7"，按<Enter>键

c) 拾取圆心为多边形中心　　　　　　d) 选择"内接于圆(I)"选项

图5-29　创建正七边形

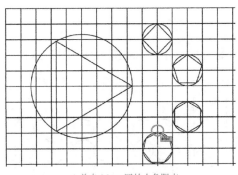
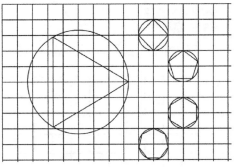

e) 单击φ6mm圆的上象限点　　　　　　　　f) 完成正七边形的创建

图 5-29 创建正七边形（续）

8. 多边形颜色填充

单击"填充"按钮 ▤ →右侧倒三角→单击下拉菜单中的"渐变色"按钮 ▤ →单击"特性"工具栏中的"渐变色1"下拉列表框→在弹出的下拉调色板中选择"洋红"色块→单击"渐变色2"下拉列表框→在弹出的下拉调色板中选择"洋红"色块→将指针移至正三边形封闭区内任意位置并单击→按<Enter>键→完成正三边形指定的洋红色填充→重复颜色填充操作，调整填充颜色，分别完成正四边形、正五边形、正六边形和正七边形图样填充，如图5-30所示。

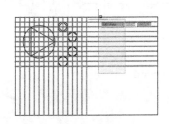
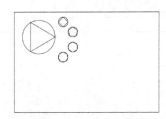

a) 框选网格线条　　　　　　　　　　　b) 按<Delete>键删除网格线条

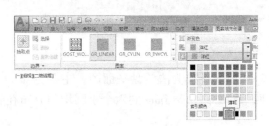

c) 单击"渐变色"按钮　　　　　　　　d) 选取"渐变色1"和"渐变色2"为"洋红"

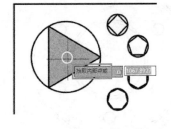
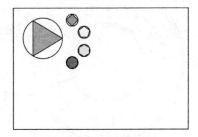

c) 填充正三边形　　　　　　　　　　f) 完成其余多边形的颜色填充

图 5-30 多边形颜色填充

大展身手

灵活应用"偏移"或"阵列"指令，根据图形标注的尺寸，完成图 5-31 ~ 图 5-33 所示图样。

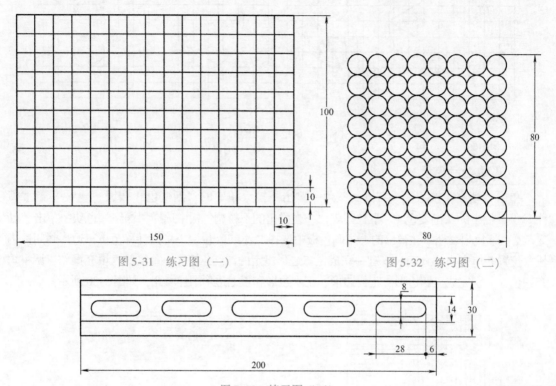

图 5-31 练习图（一）　　　　　　　图 5-32 练习图（二）

图 5-33 练习图（三）

任务 4 　法兰盘平面图的创建

创建法兰盘
平面图

任务描述

图 5-34 所示图样为法兰盘平面图，主要有 $\phi200mm$、$\phi192mm$、$\phi100mm$ 和 $\phi92mm$ 四个同心圆，$\phi15mm$ 的六个小圆均匀分布在 $\phi146mm$ 的圆周上。

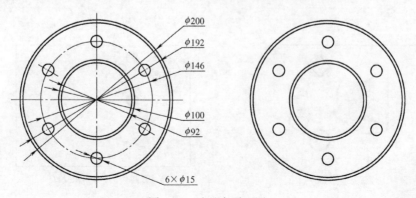

图 5-34 　法兰盘平面图

思路引导

1. 利用"圆"指令创建 $\phi200mm$、$\phi192mm$、$\phi100mm$ 和 $\phi92mm$ 四个同心圆。

2. 利用"圆"指令创建 $\phi146mm$ 的圆，以该圆圆周的上象限点为圆心创建 $\phi15mm$ 的小圆。

3. 利用"环形阵列"指令创建圆周阵列。

学习新指令

环形阵列（极轴阵列）；路径阵列。

工具箱

名　　称	图　标	备　注	名　　称	图　标	备　注
圆	圆	C	动态输入		开
环形阵列 （极轴阵列）	环形阵列	—	极轴追踪		开
路径阵列	路径阵列	—	对象捕捉		开
删除		E			

任务步骤

1. 创建 $\phi200mm$ 圆

单击"圆"按钮→在绘图区单击，确定圆心并拖动鼠标指针→输入字母"d"→按<Enter>键→输入直径值"200"→按<Enter>键→完成 $\phi200mm$ 圆的创建，如图 5-35 所示。

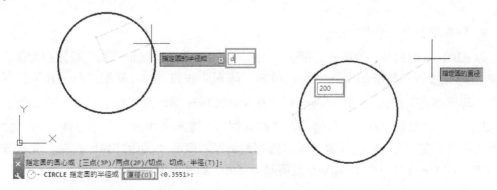

a) 单击"圆"按钮，指定圆心，输入字母"d"，按<Enter>键　　　　b) 输入直径值"200"，按<Enter>键

图 5-35　创建 $\phi200mm$ 圆

2. 创建 φ192mm、φ100mm 和 φ92mm 圆

同理，以 φ200mm 圆的圆心为圆心，创建 φ192mm、φ100mm 和 φ92mm 三个圆，如图 5-36 所示。

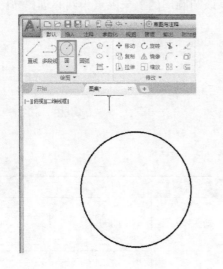
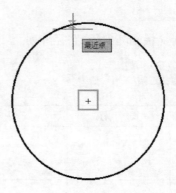

a) 单击"圆"按钮　　　　　　　　　　　b) 将指针移至圆周线上，激活圆心

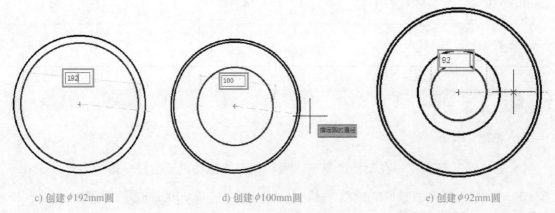

c) 创建 φ192mm圆　　　　d) 创建 φ100mm圆　　　　e) 创建 φ92mm圆

图 5-36　创建 φ192mm、φ100mm 和 φ92mm 三个圆

3. 环形阵列（极轴阵列）

以 φ200mm 圆的圆心为圆心，创建 φ146mm 圆→拾取 φ146mm 圆的上象限点为圆心，绘制 φ15mm 的小圆→单击 φ15mm 小圆→单击"阵列"按钮 ⊞ 右侧倒三角→在下拉列表中单击"环形阵列"按钮 ⊙ 环形阵列→将指针移至 φ200mm 圆的圆周线上悬停，圆心处显示圆心标识 +→将指针移至圆心处单击→在"阵列创建"菜单栏中修改"项目数"为"6"，其余数值保持不变→按 < Enter > 键或单击阵列编辑栏右侧的"关闭阵列"按钮，完成阵列创建→选中 φ146mm 圆→按 < Delete > 键删除→完成，如图 5-37 所示。

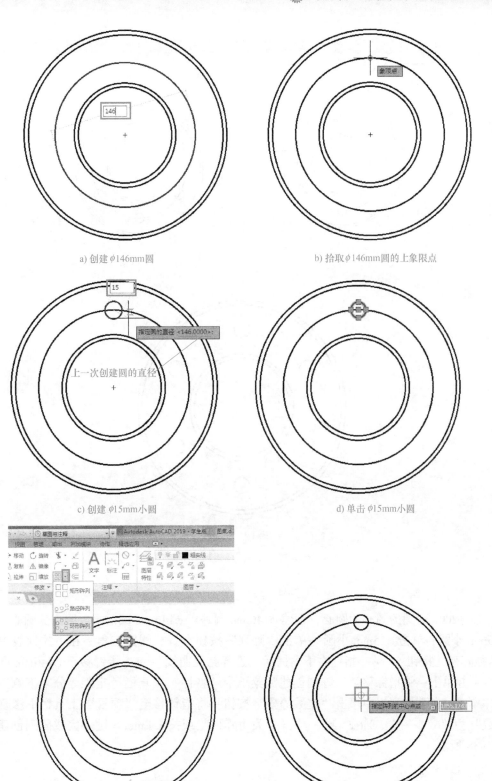

a) 创建 φ146mm圆

b) 拾取 φ146mm圆的上象限点

c) 创建 φ15mm小圆

d) 单击 φ15mm小圆

e) 单击"环形阵列"按钮

f) 拾取圆心为环形阵列中心

图 5-37　环形阵列创建

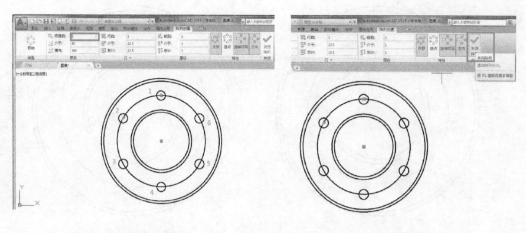

g) 修改阵列"项目数"为"6"　　　　　　　　　h) 退出阵列编辑

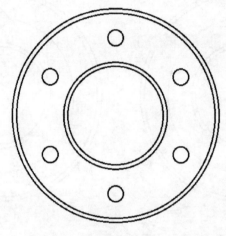

i) 删除 ϕ146mm圆

图 5-37　环形阵列创建（续）

4. 路径阵列

以 ϕ200mm 圆的圆心为圆心，创建 ϕ146mm 圆→以 ϕ146mm 圆的上象限点为圆心，绘制 ϕ15mm 小圆→单击 ϕ15mm 小圆→单击"阵列"按钮 右侧倒三角→在下拉列表中单击"路径阵列"按钮 →指针右下角提示"选择路径曲线"→将指针移至 ϕ146mm 圆的圆周线上并单击→将指针移至"阵列创建"菜单中"特性"工具栏"定距等分"下侧倒三角处并单击→在下拉列表中单击"定数等分"按钮→将指针移至"项目"工具栏中修改"项目数"为"6"→按 < Enter > 键→单击"关闭阵列"或按 < Enter > 键→完成阵列创建，如图 5-38 所示。

大展身手

灵活应用"阵列"指令，根据图样标注的尺寸，完成图 5-39 和图 5-40。

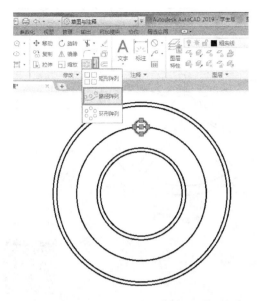

a) 选择φ15mm小圆，单击"路径阵列"按钮

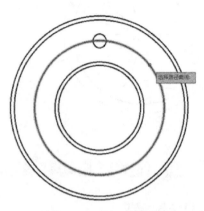

b) 拾取φ146mm圆为环形阵列路径

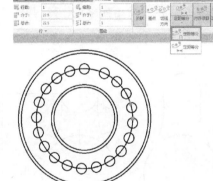

c) 选择"定距等分"命令

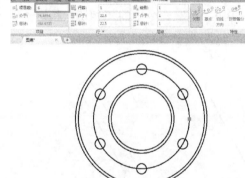

d) 修改阵列"项目数"为"6"

e) 退出阵列编辑

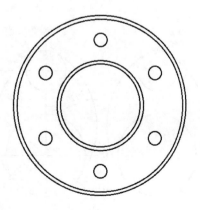

f) 删除φ146mm圆

图 5-38 路径阵列创建

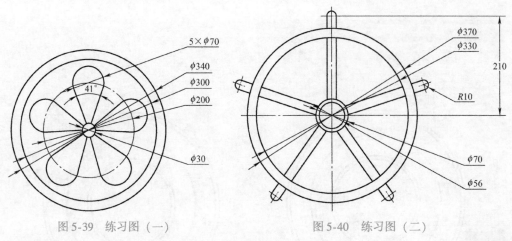

图 5-39　练习图（一）　　　　　　　　图 5-40　练习图（二）

任务 5　几何图形相切在 AutoCAD 2019 中的应用

几何图形相切在
AutoCAD 2019 中
的应用

任务描述

图 5-41 所示图样为四种主要相切特征草图，前三种相切类型利用 Auto-CAD 2019"圆"命令中的"相切，相切，半径"完成，最后一种相切类型应用"tan"指令辅助完成。

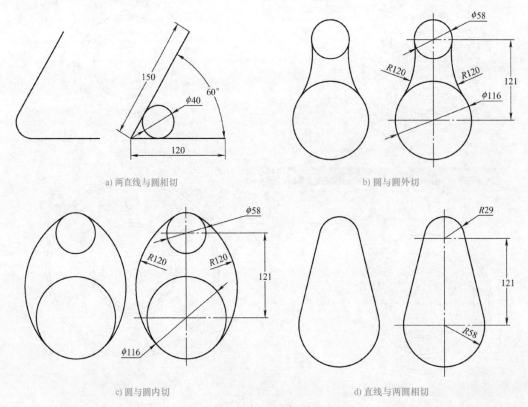

a) 两直线与圆相切　　　　　　　　　　　b) 圆与圆外切

c) 圆与圆内切　　　　　　　　　　　　　d) 直线与两圆相切

图 5-41　四种主要相切特征草图

思路引导

1. 三个圆中均已知两条线段和两个圆的位置；利用"相切，相切，半径"指令依次单击两条线段或两条圆周边线，输入半径值，即可完成。

2. 绘制线段时，利用"tan"快捷键指令辅助实现创建与圆相切的线段。

学习新指令

相切，相切，半径；tan。

工具箱

名　称	图　标	备　注	名　称	图　标	备　注
圆→相切，相切，半径	相切，相切，半径	C→T	动态输入		开
直线	直线	L	极轴追踪		开
修剪		TR	对象捕捉		开

任务步骤

1. 直线与圆相切的特性

直线与圆相切，圆心与切点连接形成的线段与切线相互垂直，且该线段长度等于该圆的半径 r，若只知道直线和与直线相切的圆半径 r，不知道圆心位置，则作该直线的平行线且间距为圆的半径值 r，圆心一定在此平行线上，如图 5-42 所示。

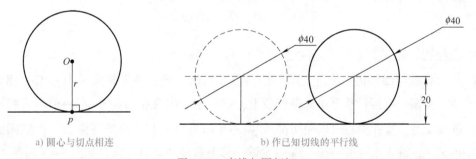

a) 圆心与切点相连　　　　　　b) 作已知切线的平行线

图 5-42　直线与圆相切

2. 圆与圆相切的特性

（1）外切　圆 1 和圆 2 外切，则两圆心间距等于两圆的半径之和。若已知圆 1 和圆 2 的半径分别为 r_1、r_2，此外只知道圆 1 的圆心位置，此时以圆 1 的圆心为圆心，以 $(r_1 + r_2)$ 为半径画圆，则圆 2 的圆心必定在半径为 $(r_1 + r_2)$ 的圆的圆周线上，如图 5-43 所示。

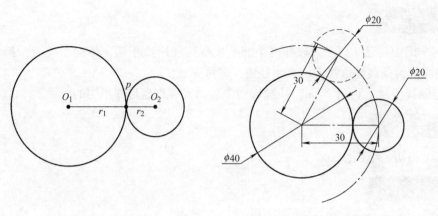

| a) 两圆外切的圆心位置关系 | b) 以外切两圆的半径和为半径画圆 |

图 5-43　圆与圆外切

（2）内切　圆1和圆2内切，则两圆心间距等于两圆的半径之差。若已知圆1和圆2的半径 r_1 和 r_2，此外只知道圆1的圆心位置，此时以圆1的圆心为圆心，以 $(r_1 - r_2)(r_1 > r_2)$ 为半径画圆，则圆2的圆心一定在以 $(r_1 - r_2)$ 为半径的圆的圆周线上，如图 5-44 所示。

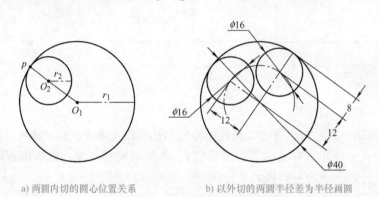

| a) 两圆内切的圆心位置关系 | b) 以外切的两圆半径差为半径画圆 |

图 5-44　圆与圆内切

3. "相切，相切，半径"指令的应用

（1）两直线与圆相切　单击"圆"按钮下方的倒三角→在下拉菜单中单击"相切，相切，半径"按钮→将指针移至第一条线段上，指针中心出现相切符号→单击后将指针移至第二条线段上，指针中心出现相切符号→单击后指针右下角出现提示"指定圆的半径<1.0295>："，输入半径值→按<Enter>键→修剪多余线条后完成，如图 5-45 所示。

（2）圆与圆外切　单击"圆"按钮下方的倒三角→在下拉菜单中单击"相切，相切，半径"按钮→将指针移至第一个圆的左侧圆周线上，指针中心出现相切符号→单击后将指针移至第二个圆的圆周线上，指针中心出现相切符号→单击后指针右下角出现提示"指定圆的半径<20.000>："，输入半径值→按<Enter>键→完成左侧相切圆弧。

单击"圆"按钮下方的倒三角→在下拉菜单中单击"相切，相切，半径"按钮→将指针移至第一个圆的右侧圆周线上→单击后将指针移至第二个圆的右侧圆周线上→单击后输入

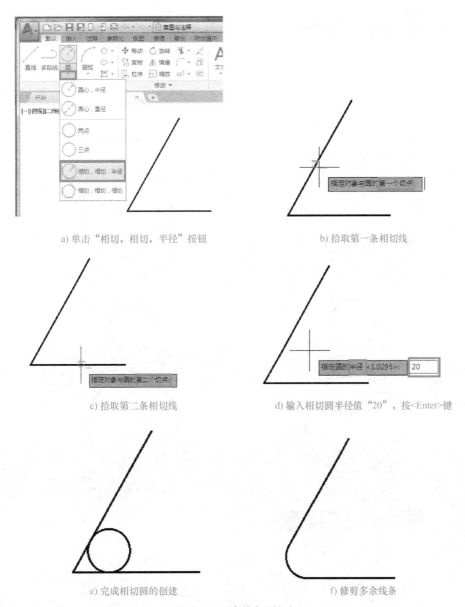

a) 单击"相切，相切，半径"按钮　　　　　　　b) 拾取第一条相切线

c) 拾取第二条相切线　　　　　　　d) 输入相切圆半径值"20"，按<Enter>键

e) 完成相切圆的创建　　　　　　　f) 修剪多余线条

图 5-45　两直线与圆相切

半径值→按<Enter>键→完成右侧相切圆弧→修剪多余线条后完成，如图 5-46 所示。

（3）圆与圆内切　单击"圆"按钮下方的倒三角→在下拉菜单中单击"相切，相切，半径"按钮→将指针移至第一个圆的上象限点左侧圆周线上→单击后将指针移至第二个圆的下象限点左侧圆周线上→单击后输入半径值→按<Enter>键→完成左半部分内切圆弧的创建。

单击"圆"按钮下方的倒三角→在下拉菜单中单击"相切，相切，半径"按钮→将指针移至第一个圆的下象限点右上侧圆周线上→单击后将指针移至第二个圆的下象限点右下侧圆周线上→单击后输入半径值→按<Enter>键→完成右半部分内切圆的弧创建→修剪多余线条完成图样创建，如图 5-47 所示。

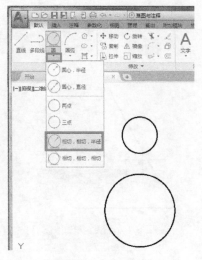

a) 单击"相切，相切，半径"按钮

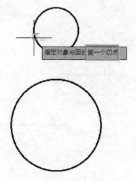

b) 拾取第一个圆左侧圆周线

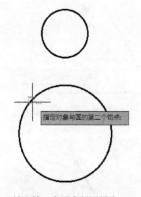

c) 拾取第二个圆左侧圆周线

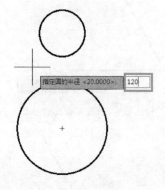

d) 输入相切圆半径值"120"，按<Enter>键

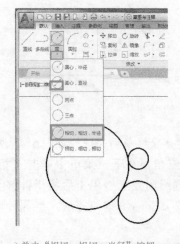

e) 单击"相切，相切，半径"按钮

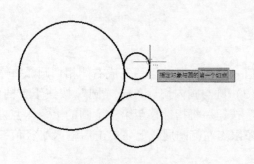

f) 拾取第一个圆右侧圆周线

图 5-46　圆与圆外切

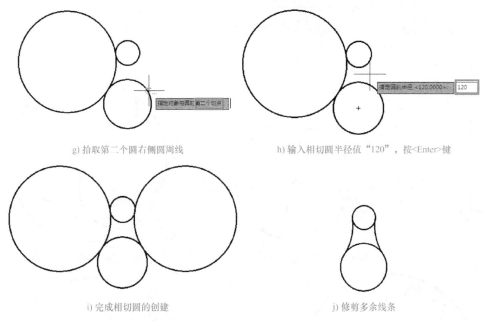

g) 拾取第二个圆右侧圆周线　　　　　　h) 输入相切圆半径值"120"，按<Enter>键

i) 完成相切圆的创建　　　　　　　　　j) 修剪多余线条

图 5-46　圆与圆外切（续）

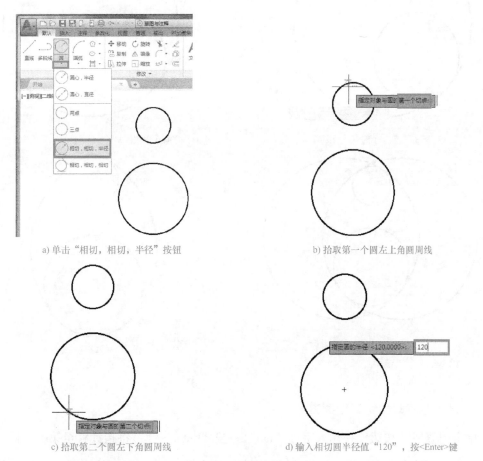

a) 单击"相切，相切，半径"按钮　　　　b) 拾取第一个圆左上角圆周线

c) 拾取第二个圆左下角圆周线　　　　　d) 输入相切圆半径值"120"，按<Enter>键

图 5-47　圆与圆内切

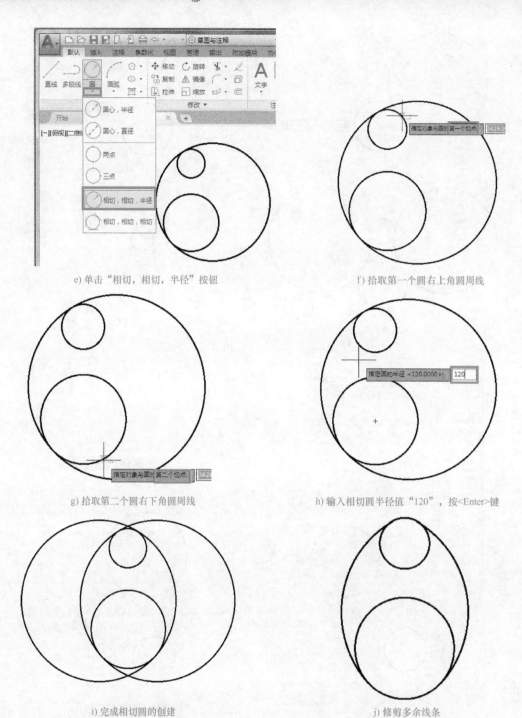

e) 单击"相切，相切，半径"按钮

f) 拾取第一个圆右上角圆周线

g) 拾取第二个圆右下角圆周线

h) 输入相切圆半径值"120"，按<Enter>键

i) 完成相切圆的创建

j) 修剪多余线条

图 5-47　圆与圆内切（续）

4. 直线与两圆相切的创建方法

　　单击"直线"按钮／→输入字母"tan"→按＜Enter＞键→将指针移至第一个圆的左侧圆周线上，指针中心出现相切符号—／—后单击→输入字母"tan"→按＜Enter＞键→将指针

移至第二个圆的左侧圆周线上，指针中心出现相切符号🗲后单击→按 < Enter > 键→完成左侧切线的创建。

单击"直线"按钮🗲→输入字母"tan"→按 < Enter > 键→将指针移至第二个圆的右侧圆周线上，指针中心出现相切符号🗲后单击→输入字母"tan"→按 < Enter > 键→将指针移至第二个圆的右侧圆周线上，指针中心出现相切符号🗲后单击→按 < Enter > 键，完成右侧切线的创建→修剪多余线条后完成直线与两圆相切，如图 5-48 所示。

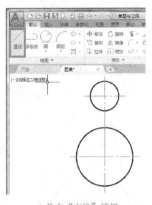

a) 单击"直线"按钮

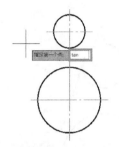

b) 输入字母"tan"，按<Enter>键

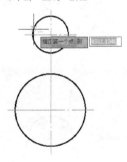

c) 拾取第一个相切圆左侧圆周线

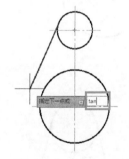

d) 输入字母"tan"，按<Enter>键

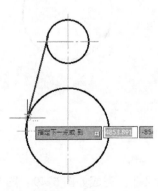

e) 拾取第二个相切圆左侧圆周线

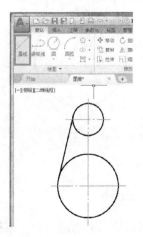

f) 单击"直线"按钮

图 5-48　直线与两圆相切

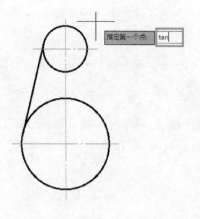

g) 输入字母"tan"，按<Enter>键

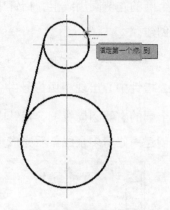

h) 拾取第一个相切圆右侧圆周线

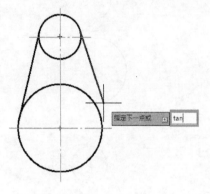

i) 输入字母"tan"，按<Enter>键

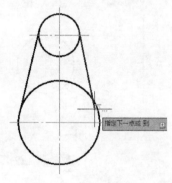

j) 拾取第二个相切圆右侧圆周线

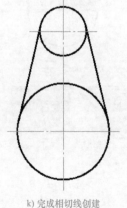

k) 完成相切线创建

l) 修剪多余线条

图 5-48　直线与两圆相切（续）

大展身手

　　灵活应用相切元素创建指令，根据图样标注的尺寸，完成如图 5-49 ~ 图 5-54。

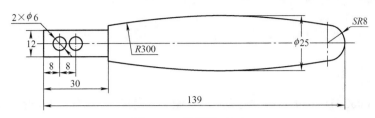

图 5-49　练习图（一）

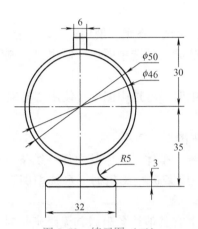

图 5-50　练习图（二）

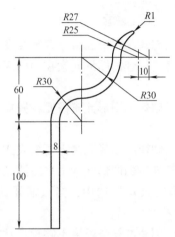

图 5-51　练习图（三）

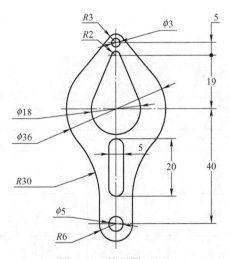

图 5-52　练习图（四）

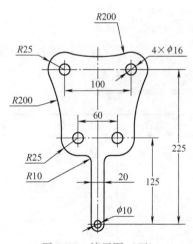

图 5-53　练习图（五）

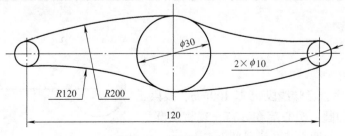

图 5-54　练习图（六）

任务 6 其他应用

其余应用

任务描述

练习使用 AutoCAD 2019 中的"移动""复制""旋转""缩放""分解"和"延伸"指令，掌握各功能指令的应用技巧，并应用到任务的练习图样中。

思路引导

1. 已创建的图形元素位置需要发生线性平移时，可选中图形，使用"移动"指令实现。

2. 将要创建的图形元素在绘图区已经有完成创建的，可选中图形，使用"复制"指令实现。

3. 已创建的图形元素需要在圆周上转过一定角度时，可选中图形，使用"旋转"指令实现。

4. 已创建的图形元素需要放大或缩小时，可选中图形，使用"缩放"指令实现。

5. 已创建的图形元素由多段线条组成且是一个统一整体，选中其中任一线条时整个图形中所有线条均被选中，当只需要选中其中的某一线条进行编辑时，可选中图形，使用"分解"指令实现。

6. 已创建的线条长度不够长，且在其延长方向上有其他线条阻碍其无限延长时，可使用"延长"指令实现。

学习新指令

移动；复制；旋转；缩放；分解；延伸。

工具箱

名　称	图　标	备　注	名　称	图　标	备　注
移动	✛ 移动	M	缩放	▢ 缩放	SC
复制	复制	CO	分解	分解	X
旋转	↻ 旋转	RO	延伸	→┃延伸	EX

任务步骤

1. 移动

如图 5-55 所示，已知线段 ab 长 100mm，线段 a 端有直径 30mm 的圆，圆心落在 a 点，现将该圆移动至线段的 b 端，使圆心落在线段的 b 点上。

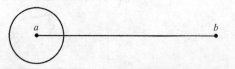

图 5-55　圆移动前图样

（1）拖动鼠标指针控制移动 选中圆→单击"移动"按钮⊕ 移动→将指针移至 a 点并单击→将指针移至 b 点并单击→完成移动，如图 5-56 所示。

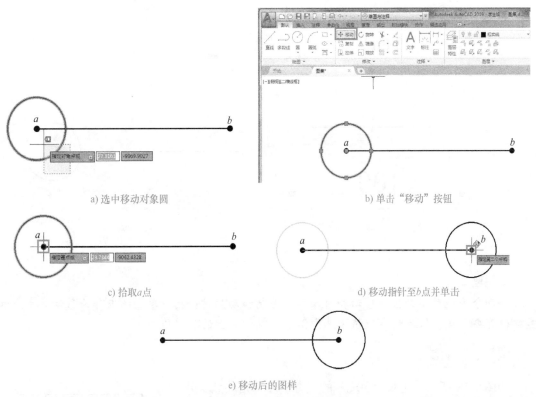

a) 选中移动对象圆　　　　　　　　　　　　b) 单击"移动"按钮

c) 拾取 a 点　　　　　　　　　　　　　d) 移动指针至 b 点并单击

e) 移动后的图样

图 5-56　拖动鼠标指针控制移动

（2）输入参数控制移动 选中圆→单击"移动"按钮⊕ 移动→将指针移至圆心并单击→将指针向右侧移动一段距离→输入移动距离→按 < Enter > 键→完成移动，如图 5-57 所示。

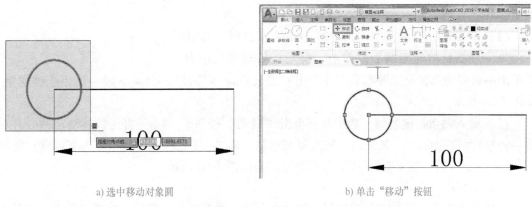

a) 选中移动对象圆　　　　　　　　　　　　b) 单击"移动"按钮

图 5-57　输入参数控制移动

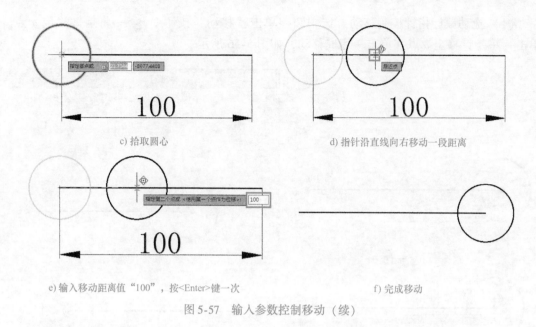

c) 拾取圆心　　　　　　　　　　　　d) 指针沿直线向右移动一段距离

e) 输入移动距离值"100"，按<Enter>键一次　　　　　　f) 完成移动

图 5-57　输入参数控制移动（续）

<记要>：

移动分为拖动指针控制移动和输入参数控制移动两种；指针单击的点作为移动参考点和最终位置安置点；输入的参数值为选中图形移动方向上的位移值。

小试牛刀1

如图 5-58 所示，边长为 50mm 的正方形左下角端点 a 处有一个直径为 12mm 的小圆，请尝试创建该图样，完成后再将小圆移动至 c 点。

2. 复制

如图 5-59 所示，利用"复制"指令在线段的中点和右端点创建直径同线段左端点处的圆，使圆心分别落在线段的中点和右端点上。

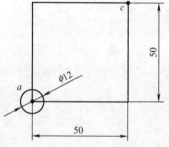

图 5-58　"移动"指令的应用

（1）拖动指针控制复制　选中圆→单击"复制"按钮 复制→将指针移动至圆心并单击→移动指针至线段中点并单击→再移动指针至线段右端点并单击→按 < Enter > 键或按 < Esc > 键→退出连续复制，如图 5-59 所示。

（2）输入参数控制复制　选中圆→单击"复制"按钮 复制→将指针移动至圆心并单击→将指针向右侧移动一段距离→输入复制移动距离1→按 < Enter > 键→输入复制移动距离2→按 < Enter > 键→按 < Esc > 键退出连续复制，如图 5-60 所示。

<记要>：

复制分为拖动指针控制复制图形的安放点和输入参数控制复制图形的移动距离；指针单击的点作为复制移动的基准点和安置的基准点；输入的参数值为复制的图形与母本图形选中基点间的距离值；与"移动"操作一样，输入的参数不分正负，只与指针的移动方向有关，

即复制时指针向左移动一段距离，则输入的参数控制复制的图形往左移动指定距离，其余方向操作原理相同。

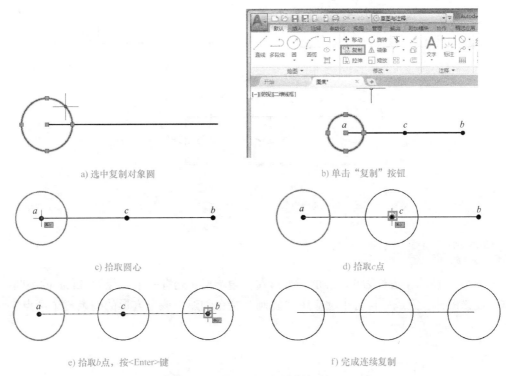

a) 选中复制对象圆　　　　　　　　　　　b) 单击"复制"按钮

c) 拾取圆心　　　　　　　　　　　　　　d) 拾取c点

e) 拾取b点，按<Enter>键　　　　　　　　f) 完成连续复制

图 5-59　拖动指针控制复制

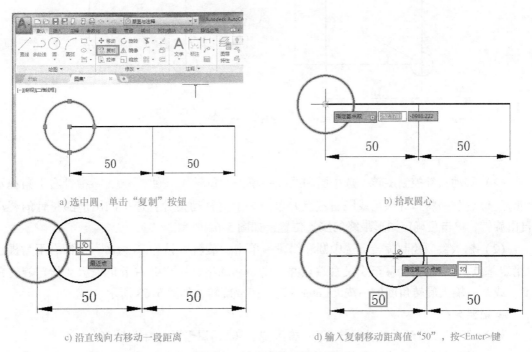

a) 选中圆，单击"复制"按钮　　　　　　　b) 拾取圆心

c) 沿直线向右移动一段距离　　　　　　　d) 输入复制移动距离值"50"，按<Enter>键

图 5-60　输入参数控制复制

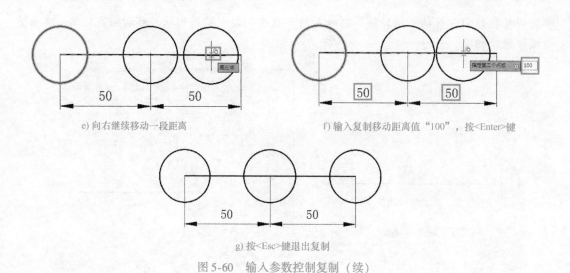

e) 向右继续移动一段距离　　　　　f) 输入复制移动距离值"100"，按<Enter>键

g) 按<Esc>键退出复制

图 5-60　输入参数控制复制（续）

小试牛刀2

　　如图5-61所示，边长为50mm的正方形左下角端点 *a* 处有一个直径为12mm的小圆，请尝试创建该图样，完成后再将小圆应用"复制"指令创建于该正方形的剩余三个端点 *b*、*c*、*d* 处。

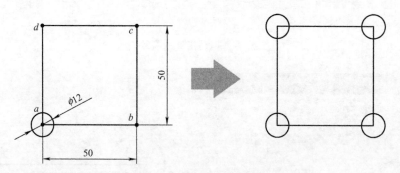

图 5-61　"复制"指令的应用

3. 旋转

　　（1）移动指针控制旋转　选中圆和线段→单击"旋转"按钮 旋转→指针右下角提示"指定基点："→将指针移至线段右端点并单击→上下移动指针，选中的图形随指针的移动自由旋转，单击可确定图形最终的安置位置，如图5-62所示。

　　（2）输入参数控制旋转　选中圆和线段→单击"旋转"按钮 旋转→指针右下角提示"指定基点："→将指针移至线段右端点并单击→移动指针→指针右下角提示"指定旋转角度，或"→输入旋转角度值→按<Enter>键→完成旋转，如图5-63所示。

　　<记要>：

　　输入"30"，图形逆时针旋转30°；输入"−30"，图形顺时针旋转30°。

　　（3）旋转复制　选中圆和线段→单击"旋转"按钮 旋转→将指针移至线段右端点并

单击→移动指针→命令行提示"ROTATE 指定旋转角度，或 [复制(C) 参照(R)] <0>:"→输入字母"c"→按<Enter>键→输入旋转角度值→按<Enter>键→完成旋转复制，如图5-64所示。

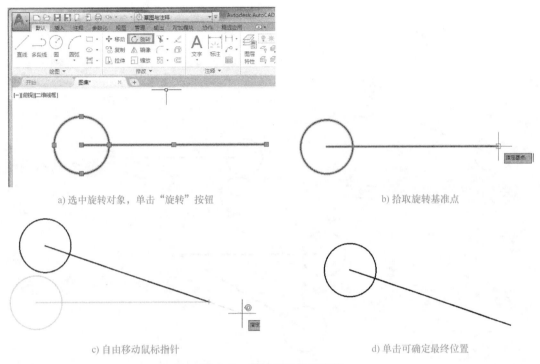

a) 选中旋转对象，单击"旋转"按钮

b) 拾取旋转基准点

c) 自由移动鼠标指针

d) 单击可确定最终位置

图 5-62　移动指针控制旋转

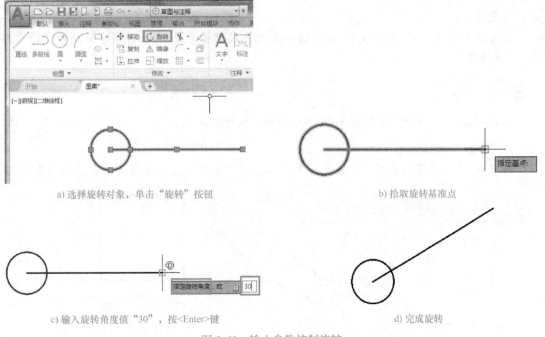

a) 选择旋转对象，单击"旋转"按钮

b) 拾取旋转基准点

c) 输入旋转角度值"30"，按<Enter>键

d) 完成旋转

图 5-63　输入参数控制旋转

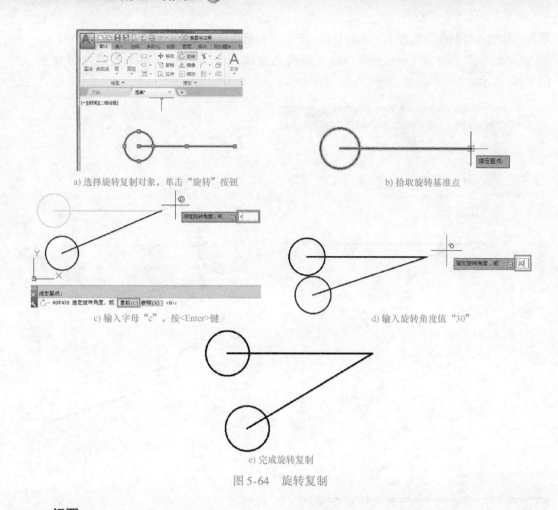

a) 选择旋转复制对象，单击"旋转"按钮   b) 拾取旋转基准点

c) 输入字母"c"，按<Enter>键   d) 输入旋转角度值"30"

e) 完成旋转复制

图 5-64   旋转复制

<记要>：

除了输入字母"c"后按 < Enter > 键，也可直接单击命令行中复制后面括号里的字母"c"，效果相同。

小试牛刀3

应用"旋转"指令创建如图 5-65 所示图样，尺寸自定义。

4. 缩放

图 5-66 所示图样为边长 25mm 的正方形，应用"缩放"指令使其放大为原来的 2 倍。

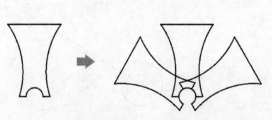

图 5-65   "旋转"指令的应用

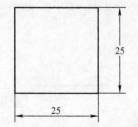

图 5-66   应用"缩放"指令前图样

（1）缩放方法　选中正方形→单击"缩放"按钮□ 缩放→指针右下角提示"指定基点："→将指针移至正方形的右下角点并单击→移动鼠标指针→指针右下角提示"指定比例因子或"→输入比例系数→按<Enter>键→完成放大，如图5-67所示。

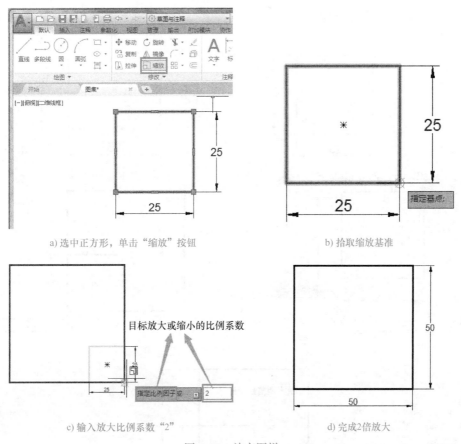

a) 选中正方形，单击"缩放"按钮

b) 拾取缩放基准

c) 输入放大比例系数"2"

d) 完成2倍放大

图5-67　放大图样

<记要>：

比例因子大于1，则目标图样被放大对应比例系数；比例因子小于1，则目标图样被缩小对应比例系数。

（2）缩放复制　选中正方形→单击"缩放"按钮□ 缩放→将指针移至正方形的右下角点并单击→命令行提示"SCALE 指定比例因子或［复制（C）参照（R）］:"→输入字母"c"→按<Enter>键→输入放大比例系数→按<Enter>键→完成缩放复制，如图5-68所示。

<记要>：

缩放图形时，尺寸也会相应随比例变化。

■ 小试牛刀4

创建如图5-69所示图样，尺寸自定义，然后应用"缩放"指令将图形放大2倍。

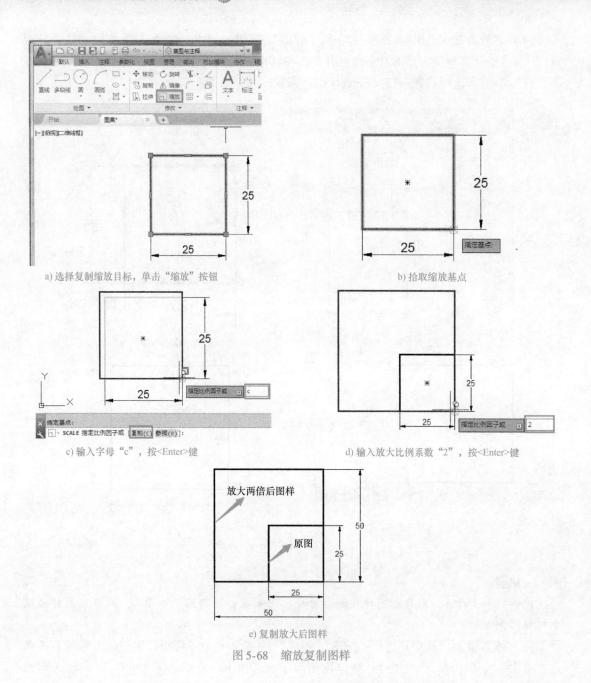

a) 选择复制缩放目标，单击"缩放"按钮

b) 拾取缩放基点

c) 输入字母"c"，按<Enter>键

d) 输入放大比例系数"2"，按<Enter>键

e) 复制放大后图样

图 5-68　缩放复制图样

5. 分解

如图 5-70 所示，正六边形六个顶点位置处的圆为阵列整体，单击其中任一圆，则六个圆全部被选中，现需要将六个小圆独立分开。

选中任一小圆→单击"阵列"菜单→将指针移至"默认"菜单按钮并单击→切换至默认界面→将指针移至"修改"工具栏中的"分解"按钮上并单击→完成阵列圆的分解，如图 5-71 所示。

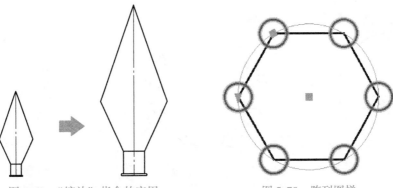

图 5-69　"缩放"指令的应用　　　　　　图 5-70　阵列图样

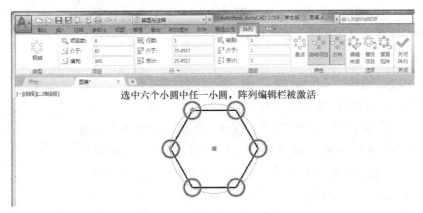

a) 选择小圆,进入"阵列"菜单

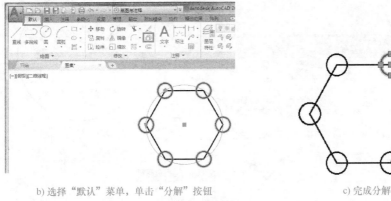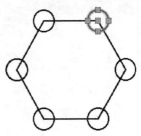

b) 选择"默认"菜单,单击"分解"按钮　　　　c) 完成分解

图 5-71　阵列圆的分解

<记要>:

凡是多个元素组成的一个整体式图样,均可应用"分解"指令将其拆分为最小的独立单元。

小试牛刀5

如图 5-72 所示,自定义尺寸创建左侧图样,然后通过环形阵列创建 12 个均匀分布于大圆圆周线上的小圆，最后进行修剪得到右侧图样。

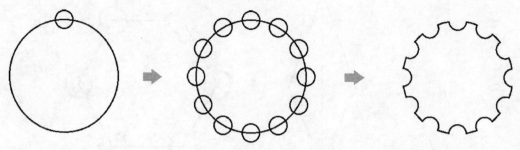

图 5-72　"分解"指令的应用

＜记要＞：

阵列的 12 个小圆为统一整体，需要将其分解为最小单元独立体后，才能修剪去小圆分布于大圆圆周线外侧的圆弧段，否则修剪无效。

6. 延伸

如图 5-73 所示图样，需将线段 *ab* 向右侧延伸与圆弧相交，另需将圆弧 *ae* 的 *e* 点进行延伸与线段 *cd* 相交。

单击"修剪"按钮✂ 右侧的倒三角→在下拉列表中单击"延伸"按钮 —→| 延伸→按＜Enter＞键→将指针移至线段 *ab* 上 *b* 点的左侧并单击→完成 *ab* 线段向右侧的延伸→将指针移至圆弧上 *e* 点的附近并单击→完成圆弧上 *e* 点向线段 *cd* 的延伸，如图 5-74 所示。

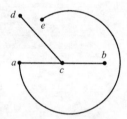

图 5-73　延伸前图样

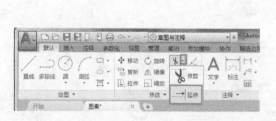

a) 单击"延伸"按钮，按<Enter>键

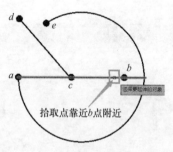

b) 拾取 *b* 点左侧附近点

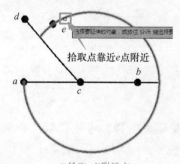

c) 拾取 *e* 点附近点

图 5-74　圆弧和线段的延伸

＜记要＞：

延伸方向上没有阻碍的图形线条时，不能应用延伸。

小试牛刀6

自定义尺寸创建如图5-75a所示的图样，并利用"延伸"指令将其内部的五段线段延长，如图5-75b所示。

大展身手

灵活应用"移动""复制""旋转""缩放""延伸"和"分解"等指令完成图5-76～图5-80所示图样。

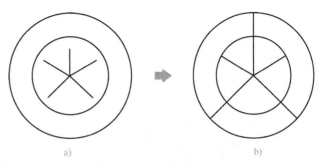

a)　　　　　　b)

图5-75　"延伸"指令的应用

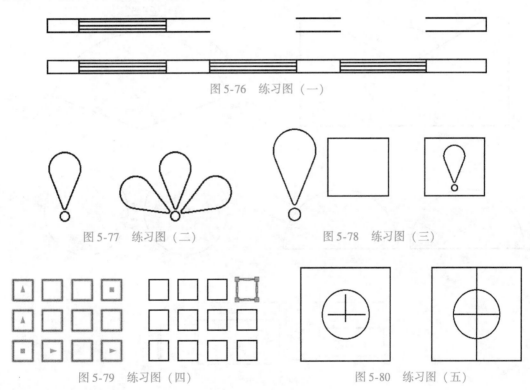

图5-76　练习图（一）

图5-77　练习图（二）　　　图5-78　练习图（三）

图5-79　练习图（四）　　　图5-80　练习图（五）

任务7　尺寸标注与文字创建

任务描述

1. 尺寸标注，主要用于标明已创建图形元素的特征尺寸，例如，长度、角度、半径和直径等，使绘制的图形结构和尺寸一目了然，方便快速、准确地识图。

2. 文字创建，主要用于标明字母、数字、汉字和字符等，并可以编辑大小和类型等，用于辅助图形，更加清晰、完整地表达设计意图。

如图 5-81 所示，根据标注的尺寸创建图样，并学习标注尺寸。

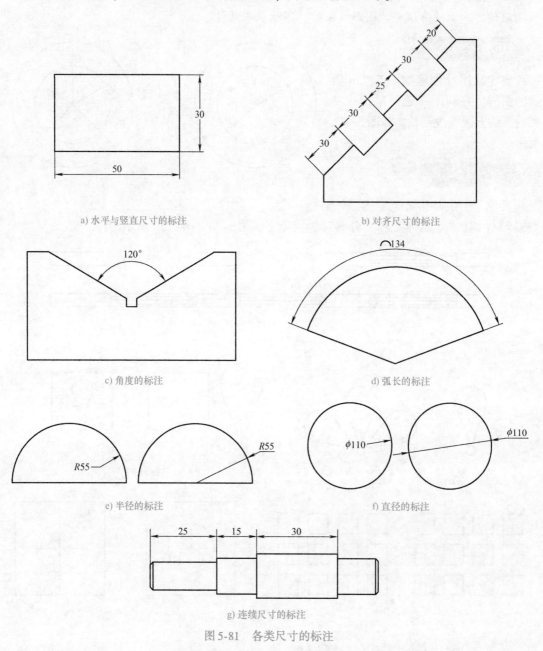

a) 水平与竖直尺寸的标注

b) 对齐尺寸的标注

c) 角度的标注

d) 弧长的标注

e) 半径的标注

f) 直径的标注

g) 连续尺寸的标注

图 5-81　各类尺寸的标注

思路引导

1. 利用"注释"工具栏中的"线性"或"对齐"指令标注线性长度尺寸。
2. 利用"角度"指令标注图形元素间的夹角尺寸。
3. 利用"半径"指令标注半圆以及小于半圆圆弧的半径尺寸。
4. 利用"直径"指令标注整圆或接近整圆圆弧的直径尺寸。
5. 利用"弧长"指令标注圆弧的弧长尺寸。

6. 利用"连续标注"指令在尺寸链的首个尺寸标注完成基础上创建连续性的线性尺寸标注。

学习新指令

尺寸标注；文字。

工具箱

名　称		图　标	备　注
尺寸标注	线性	线性	DLI
	对齐	对齐	DAL
	角度	角度	DAN
	弧长	弧长	DAR
	半径	半径	DRA
	直径	直径	DDI
多行文字		A 文字	T
连续标注		连续	DCO
标注样式			D

任务步骤

1. 线性标注

图 5-81a 所示长方形的长为 50mm，宽为 30mm。

单击"注释"工具栏中的线性标注按钮 线性→将指针移至长方形的 a 点并单击→将指针移至长方形的 b 点并单击→将指针向下移动适当距离，标注元素跟随指针移动→单击确定标注尺寸的放置位置→按 <Enter> 键；重新激活线性标注→将指针移至 b 点并单击→将指针移至 c 点并单击→将指针向右移动适当距离，标注元素跟随指针移动→单击确定标注尺寸的放置位置→完成长方形长度尺寸和宽度尺寸的标注，如图 5-82 所示。

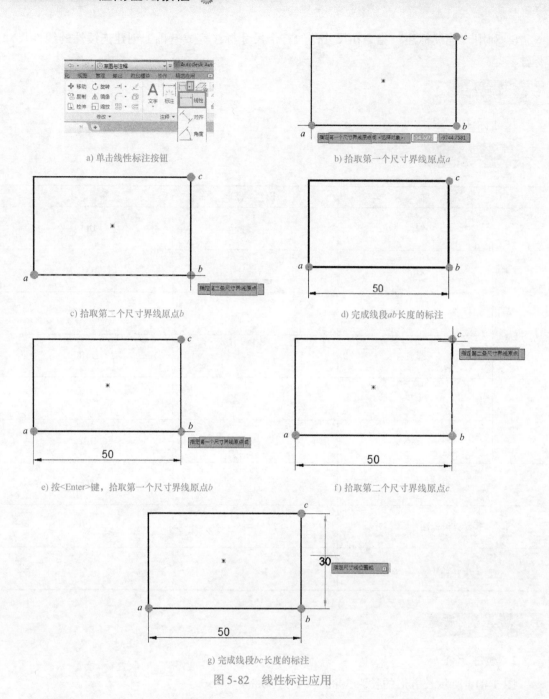

a) 单击线性标注按钮

b) 拾取第一个尺寸界线原点a

c) 拾取第二个尺寸界线原点b

d) 完成线段ab长度的标注

e) 按<Enter>键,拾取第一个尺寸界线原点b

f) 拾取第二个尺寸界线原点c

g) 完成线段bc长度的标注

图5-82　线性标注应用

<记要>:

线性标注主要用于标注水平线段和竖直线段的长度;标注时以线段的两个端点为基准点。

2. 对齐标注

如图5-81b所示,完成斜坡上五段长度的尺寸标注。

单击线性标注按钮├─┤右侧的倒三角→在下拉列表中单击对齐标注按钮╲ 对齐→将指针移至 a 点并单击→将指针移至 b 点并单击→将指针向左上角移动适当距离后单击,确定斜线长度的尺寸标注位置→按＜Enter＞键→将指针移至 b 点并单击→将指针移至 c 点并单击→将指针移至第一段标注的右上角箭头顶尖处单击，确定斜线长度的尺寸标注位置，并与第一段标注的尺寸对齐，重复同样的操作即可完成标注，如图 5-83 所示。

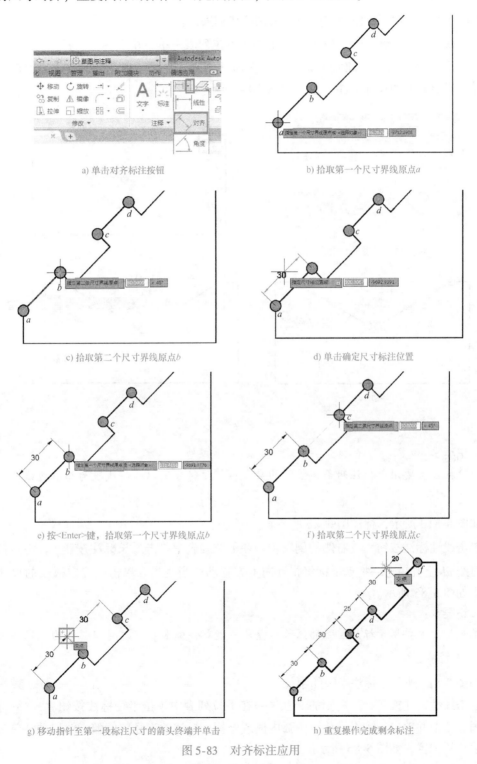

a) 单击对齐标注按钮   b) 拾取第一个尺寸界线原点a

c) 拾取第二个尺寸界线原点b   d) 单击确定尺寸标注位置

e) 按<Enter>键，拾取第一个尺寸界线原点b   f) 拾取第二个尺寸界线原点c

g) 移动指针至第一段标注尺寸的箭头终端并单击   h) 重复操作完成剩余标注

图 5-83 对齐标注应用

<记要>：

对齐标注主要用于标注倾斜线段的长度值；标注时以斜线段的两个端点为基准点。

3. 角度标注

如图 5-81c 所示，标注上方的左右两侧斜线的夹角。

单击线性标注按钮┣━┫右侧的倒三角→在下拉列表中单击角度标注按钮△角度→将指针移至斜边线 *ab* 上并单击→将指针移至斜边线 *cd* 上并单击→拖动鼠标指针向上方移动适当距离→单击确定角度的尺寸标注位置，如图 5-84 所示。

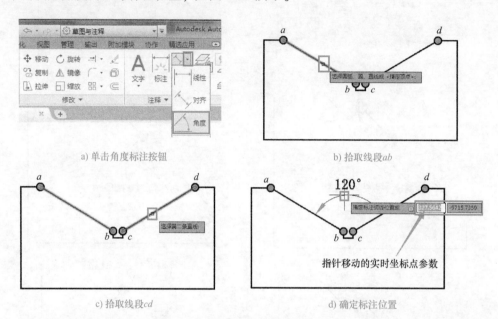

图 5-84　角度标注应用

<记要>：

角度标注主要用于标注两条线段间的夹角；标注时分别以两条线段为基准边线。

4. 弧长标注

如图 5-81d 所示，标注圆弧 *ab* 的弧长。

单击线性标注按钮┣━┫右侧的倒三角→在下拉列表中单击弧长标注按钮⌒弧长→将指针移至弧线 *ab* 上并单击→拖动鼠标将指针向上方移动适当距离并单击，确定弧长的尺寸标注位置，如图 5-85 所示。

<记要>：

弧长标注主要用于标注圆弧的弧长；整圆不能标注弧长；标注时以弧线为基准边线。

5. 半径标注

如图 5-81e 所示，标注半圆的半径。

单击线性标注按钮┣━┫右侧的倒三角→在下拉列表中单击半径标注按钮◜半径→将指针移至圆弧线上并单击→将指针移至圆弧内侧或外侧，标注的半径数值随指针移动→单击确定尺寸值放置位置，如图 5-86 所示。

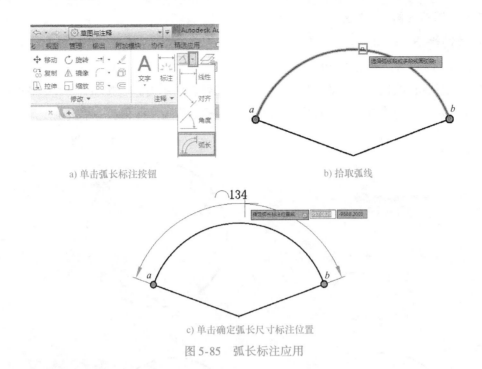

a) 单击弧长标注按钮

b) 拾取弧线

c) 单击确定弧长尺寸标注位置

图 5-85　弧长标注应用

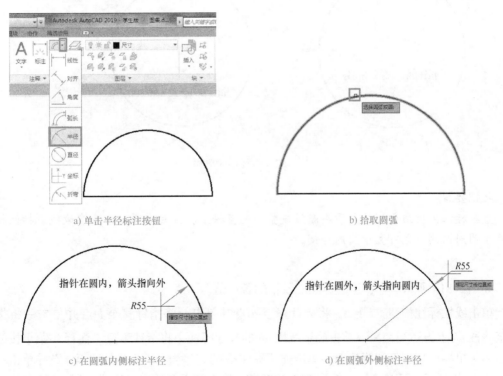

a) 单击半径标注按钮

b) 拾取圆弧

c) 在圆弧内侧标注半径

d) 在圆弧外侧标注半径

图 5-86　半径标注应用

<记要>：

半径标注主要用于标注小于或等于半圆的圆弧半径。标注时，以弧线为基准边线；标注数值可置于圆弧内侧，也可置于圆弧外侧。

6. 直径标注

如图5-81f所示，标注整圆的直径。

单击线性标注按钮 ⊢⊣ 右侧的倒三角→在下拉列表中单击直径按钮 ⟍ 直径→将指针移至圆周线上并单击→将指针移至圆周内侧或外侧，直径数值随指针移动→单击确定尺寸值放置位置，如图5-87所示。

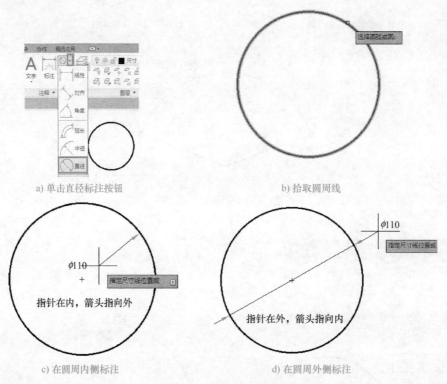

a) 单击直径标注按钮　　　　　　　　　　　　b) 拾取圆周线

c) 在圆周内侧标注　　　　　　　　　　　　d) 在圆周外侧标注

图5-87　直径标注应用

< 记要 >：

直径标注主要用于标注大于半圆弧或整圆的直径。标注时以圆弧为基准边线。标注数值可置于圆周内侧，也可置于圆周外侧。

7. 连续标注

如图5-81g所示图样，连续标注三段轴的长度值。

单击线性标注按钮 ⊢⊣ 线性→将指针移至 a 点并单击→将指针移至 b 点并单击→将指针移至线段 ab 上方适当距离→单击确定线段 ab 的尺寸标注→将指针移至"注释"菜单按钮并单击→菜单界面切换至注释界面→单击连续标注按钮 ⊢⊦ 连续 →将指针移至 c 点并单击→完成线段 bc 长度标注且与第一段标注对齐→将指针移至 d 点并单击→完成线段 cd 长度标注且与前一段标注对齐→按 < Enter > 键完成连续标注，如图5-88所示。

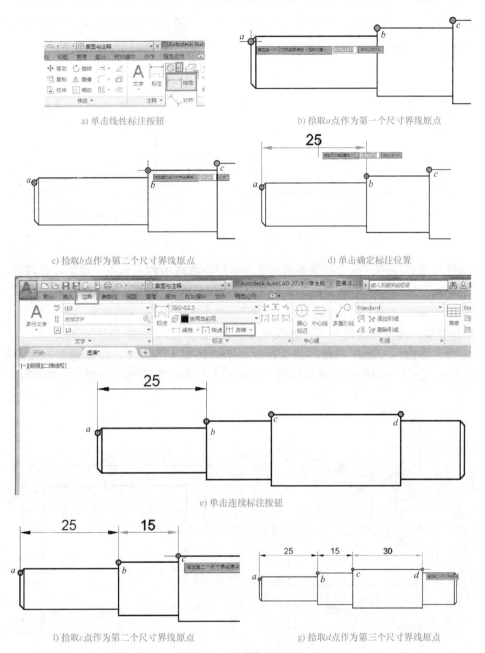

a) 单击线性标注按钮　　　　　　　　b) 拾取a点作为第一个尺寸界线原点

c) 拾取b点作为第二个尺寸界线原点　　　　d) 单击确定标注位置

e) 单击连续标注按钮

f) 拾取c点作为第二个尺寸界线原点　　　　g) 拾取d点作为第三个尺寸界线原点

图5-88　连续标注应用

<记要>：

连续标注主要用于标注多段连续的线段尺寸，水平、竖直和倾斜方向上的连续尺寸均可实现。

使用连续标注前，需首先标注第一段线条的线性尺寸。

8. 标注样式

（1）尺寸标注要素　尺寸标注要素主要包括尺寸界线、尺寸线和尺寸数字。

1）尺寸界线。尺寸界线主要用于标定所标注的尺寸区域，用细实线表示。

在线性标注、角度标注、半径标注和直径标注中，通常以被标注元素的基准边线或其延长线作为尺寸界线，如图5-89所示。

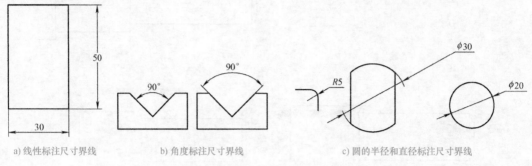

a) 线性标注尺寸界线　　　b) 角度标注尺寸界线　　　c) 圆的半径和直径标注尺寸界线

图5-89　各类尺寸标注尺寸界线示例

在线性尺寸标注中，尺寸界线通常垂直于被标注线段的两侧端点，根据实际需要与端点保持适当距离，制图标注中通常取距离值为2~3mm。尺寸界线又超出尺寸线一定尺寸，国家制图标准中通常取为2~3mm。

2）尺寸线。尺寸线通常与尺寸界线垂直且相连接。

尺寸线主要由尺寸基线和终端组成，尺寸基线用细实线表示，终端通常有实心箭头和45°斜线两类，前者主要用于机械零件图中，后者主要用于建筑图中，如图5-90所示。

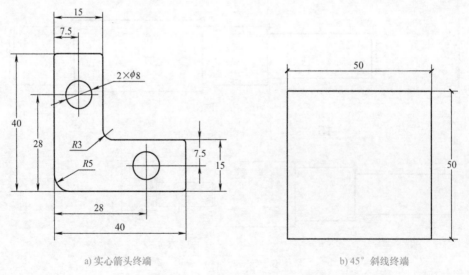

a) 实心箭头终端　　　　　　　　　　　b) 45°斜线终端

图5-90　尺寸线与尺寸线终端示例

3）尺寸数字。尺寸数字主要表明被标注元素的数值，包括长度、角度、弧度、半径和直径等，其中角度值的右上角带有度的标识符号"°"，例如30°；弧度值的前端带有弧的标识符号"⌒"；半径值前端带有半径的标识字母"R"；直径值前端带有直径的标识字符"ϕ"；球体直径标注数值前端带有标识字符"$S\phi$"。

尺寸数字主要位于尺寸线的中央或中上方，在尺寸线中央时，数字附近的尺寸线被消除；在尺寸线的中上方时，尺寸线连续完整，但数字与尺寸线应保持适当距离，尽量不与尺寸线接触，如图5-91所示。

<记要>：

尺寸标注中的倒角、粗糙度、极限偏差和几何公差的标注将在项目6中的零件图的创建中详细讲解；文中所提到的尺寸界线和尺寸线基线用细实线表示，将在项目5任务8图层应用专栏中详细讲解。

（2）尺寸标注样式编辑　在尺寸标注中，不同图形所标注的尺寸线终端和数值大小与图形通常不协调。因此，为了能够清晰地显示标注的尺寸，在标注过程中应对标注的数值大小和位置、尺寸线终端类型和大小及尺寸界线特性等进行调整，即AutoCAD 2019中主要通过尺寸标注样式管理器进行控制。

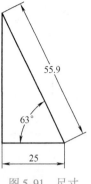

图5-91　尺寸标注数值示例

1）打开尺寸标注样式管理器。单击"默认"菜单中"注释"工具栏 注释▼ 右侧的倒三角→在下拉列表中单击"标注样式"按钮 ┡╌┤ →界面弹出"标注样式管理器"对话框，如图5-92所示。

a) 打开"注释"工具栏

b) 单击"标注样式"按钮

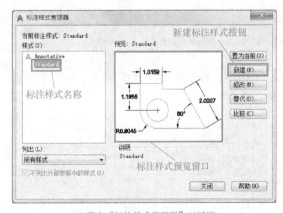

c) 弹出"标注样式管理器"对话框

图5-92　打开尺寸标注样式管理器

2）标注样式管理器的应用。

① 新建标注样式。打开"标注样式管理器"对话框→单击"新建（N）"按钮→弹出"创建新标注样式"对话框→将指针移至"新样式名（N）"文本框处新建标注样式名称→将指针移至"基础样式（S）"下拉列表框右侧倒三角处并单击→选择参考的基础标注样式类型→将指针移至"用于（U）"下拉列表框右侧倒三角处并单击→设置该新建标注样式适用的标注类型→单击"继续"按钮→弹出"新建标注样式：ISO5"对话框，如图5-93所示。

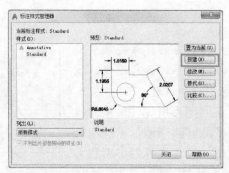

a) 单击"新建(N)"按钮

b) 弹出"创建新标注样式"对话框

c) 创建新样式名

d) 选择基础样式

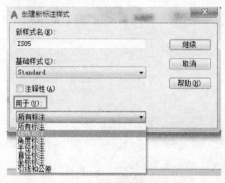

e) 选择标注应用类型

f) 单击"继续"按钮

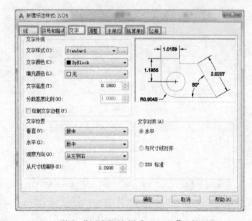

g) 弹出"新建标注样式：ISO5"对话框

图 5-93　新建标注样式

"新建标注样式：ISO5"对话框中主要包括"线""符号和箭头""文字""调整""主单位""换算单位"和"公差"七个标签。

a. "线"标签页主要用于控制尺寸线和尺寸界线，可调整尺寸线的颜色、线型和线宽，也可调整尺寸界线的颜色、线型、线宽、超出尺寸线的长度值和起点偏移量等，如图 5-94 所示。

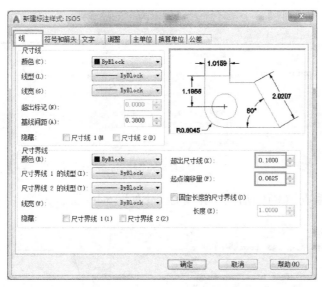

图 5-94　"线"标签页

一般尺寸线和尺寸界线的颜色、线型和线宽均保持默认，利用图层控制更加便捷，该项操作将会在项目 5 任务 8 图层应用中详细讲解。

"线"标签页中主要可修改"超出尺寸线（X）"和"超出偏移量（F）"两项数值。

修改"超出尺寸线（X）"后尺寸界线的变化如图 5-95 所示。

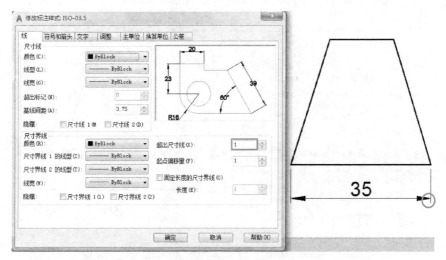

a)"超出尺寸线(X)"值设定为1

图 5-95　修改"超出尺寸线（X）"后尺寸界线的变化

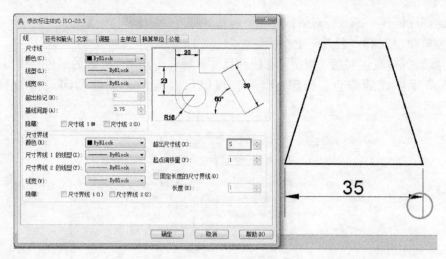

b)"超出尺寸线(X)"值设定为5

图 5-95　修改"超出尺寸线（X）"后尺寸界线的变化（续）

修改"超出偏移量（F)"后尺寸界线的变化如图 5-96 所示。

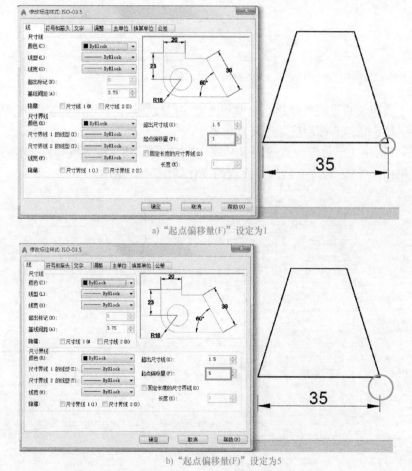

a)"起点偏移量(F)"设定为1

b)"起点偏移量(F)"设定为5

图 5-96　修改"起点偏移量（F）"后尺寸界线的变化

b. "符号和箭头"标签页主要用于控制箭头（尺寸线终端）的类型和大小，其余保持默认即可，"符号和箭头"标签页如图5-97所示。

常用的箭头类型有两种，机械制图选用"实心闭合"，建筑制图选用"建筑标记"，如图5-98所示。

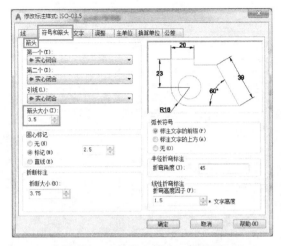

图5-97　"符号和箭头"标签页

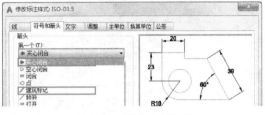

图5-98　常用箭头类型

修改箭头大小后参数标注的变化如图5-99所示。

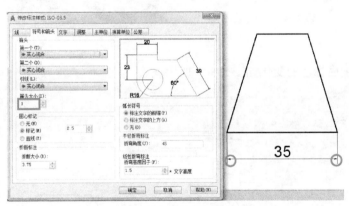

a)"箭头大小(I)"设定为1

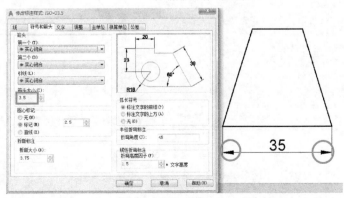

b)"箭头大小(I)"设定为3.5

图5-99　修改箭头大小后参数标注的变化

＜记要＞：

在国家制图标准中，通常规定箭头大小与标注尺寸数字的文字高度一致。

c. "文字"标签页主要用于控制标注尺寸数字的样式，包括文字样式、文字颜色、文字高度、文字对齐方式、文字位置和从尺寸线偏移量等，"文字"标签页如图 5-100 所示。

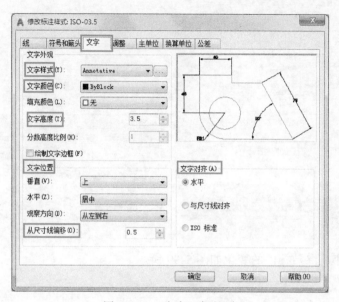

图 5-100 "文字"标签页

修改文字高度后标注的变化如图 5-101 所示。

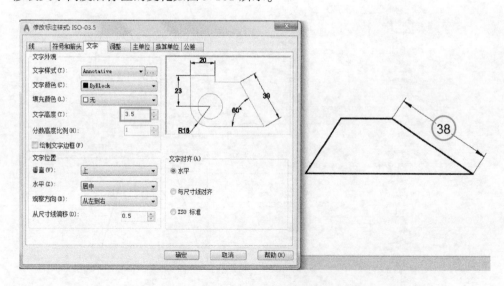

a) "文字高度(T)"设定为3.5

图 5-101 修改文字高度后标注的变化

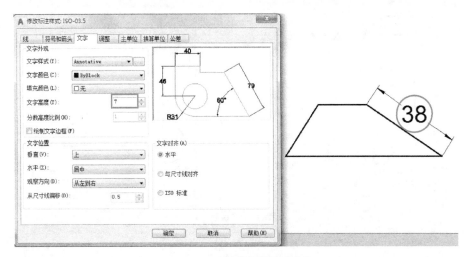

b)"文字高度(T)"设定为7

图 5-101　修改文字高度后标注的变化（续）

调整文字位置后标注的变化如图5-102所示。

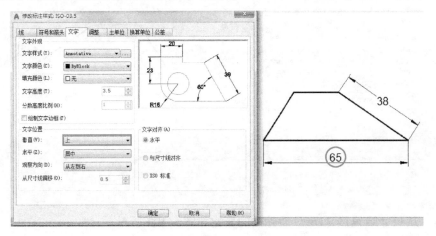

a)"垂直(V)"设定为上

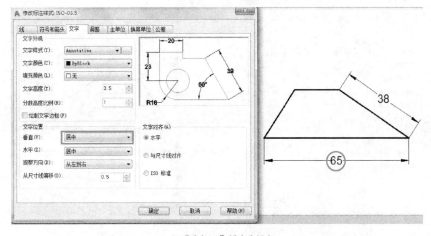

b)"垂直(V)"设定为居中

图 5-102　调整文字位置

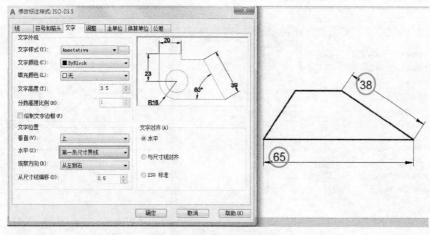

c)"水平(Z)"设定为"第一条尺寸界线"

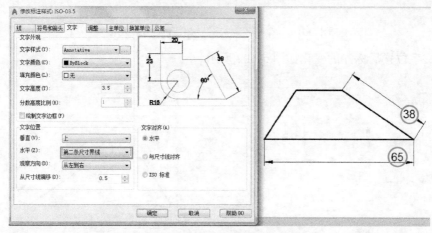

d)"水平(Z)"设定为"第二条尺寸界线"

图 5-102　调整文字位置（续）

修改"从尺寸线偏移（O）"后标注的变化如图 5-103 所示。

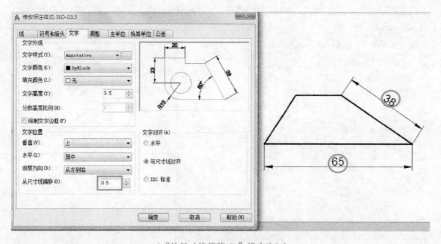

a)"从尺寸线偏移(O)"设定为0.5

图 5-103　修改"从尺寸线偏移（O）"后标注的变化

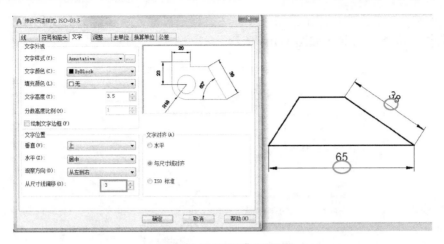

b)"从尺寸线偏移(O)"设定为3

图5-103　修改"从尺寸线偏移（O）"后标注的变化（续）

修改文字对齐方式后标注的变化如图5-104所示。

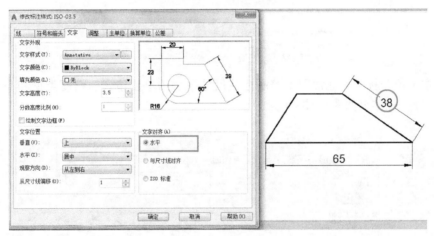

a)"文字对齐(A)"方式选择"水平"

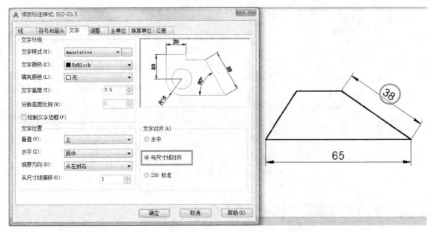

b)"文字对齐(A)"方式选择"与尺寸线对齐"

图5-104　修改文字对齐方式后标注

d. "调整"标签页主要用于控制尺寸标注过程中尺寸数字和箭头的变化效果，通常采用默认模式，"调整"标签页如图5-105所示。

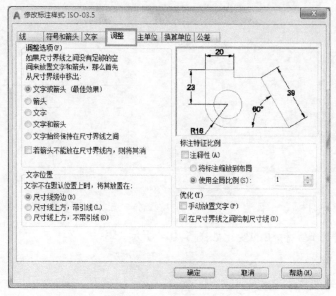

图5-105 "调整"标签页

e. "主单位"标签页通常用于控制标注尺寸数字的单位格式、精度类型和小数分隔符等，"主单位"标签页如图5-106所示。

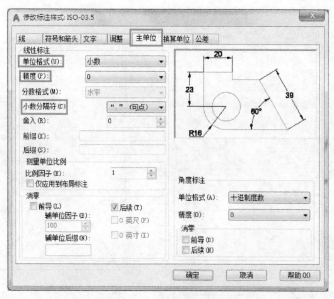

图5-106 "主单位"标签页

修改精度类型后标注数值的变化如图5-107所示。

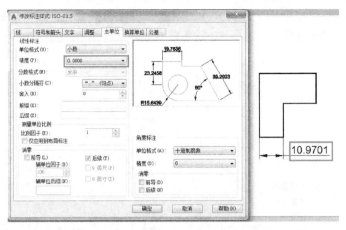

a) "精度(P)"类型设定为0.0000

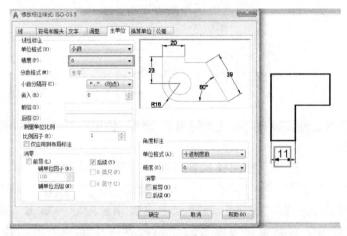

b) "精度(P)"类型设定为0

图 5-107　修改精度类型后标注数值的变化

　　f. "换算单位"标签页主要用于控制换算单位的类型、显示和关闭，通常采用默认模式，"换算单位"标签页如图 5-108 所示。

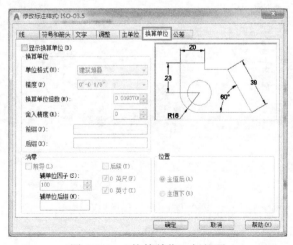

图 5-108　"换算单位"标签页

g. "公差"标签页主要用于控制公差的格式、位置和精度等，通常采用默认模式，"公差"标签页如图 5-109 所示。

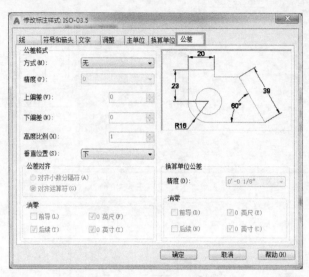

图 5-109 "公差"标签页

通常尺寸标注的公差在对应的标注上使用"特性"栏进行编辑，详细操作在项目 6 零件图的创建中讲解。

② 修改标注样式。打开"标注样式管理器"对话框→在左侧"样式（S）"列表框中选择任意一个已经创建的标注样式→单击"修改（M）"按钮→弹出"修改标注样式：ISO－10"对话框→在"文字"选项卡中设置相应内容→单击"确定"按钮，弹出"标注样式管理器"对话框，可以看到预览内容→单击"关闭"按钮，完成操作，如图 5-110 所示。

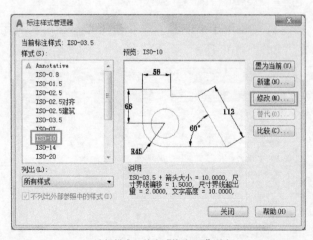

a) 选择样式，单击"修改(M)"按钮

图 5-110 修改标注样式

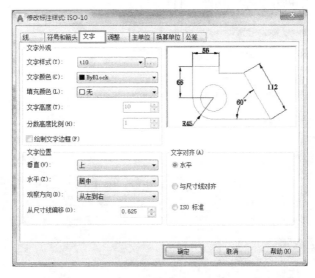

b) 单击"确定"按钮，退出"修改标注样式：ISO-10"对话框

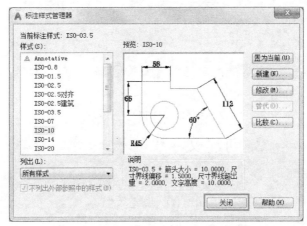

c) 单击"关闭"按钮，退出"标注样式管理器"对话框

图 5-110　修改标注样式（续）

<记要>：

修改标注样式主要用于调整已经创建的标注样式参数；修改后，需单击"确定"按钮，然后单击"标注样式管理器"对话框右下角的"关闭"按钮，修改参数才算完成。

9. 文本创建

在图形创建过程中，有时候只依靠线条和尺寸标注不能够充分、详细且完整地表达设计意图，还需要应用文字或符号进行特别说明，因此文本的创建也显得十分重要。

AutoCAD 2019 中的文字主要包括汉字、字母、数字和特殊符号四类。

（1）创建汉字、字母和数字　将指针移至"注释"工具栏→单击"文字"按钮→将指针移至绘图区→指针右下角提示"指定第一角点："→单击确定第一角点→拖动鼠标指针向右下角移动适当距离，绘图区将出现一个长方形文本框→单击确定第二角点→在长方形文本框中可输入汉字、字母和数字，如图5-111所示。

a) 单击"文字"按钮　　　　　　　　　　　　　　　b) 单击确定文本框第一角点

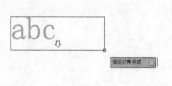

文本框，可输入汉字、字母和数字

c) 单击确定文本框第二角点　　　　　　　　　　　d) 出现文本框，同时进入文本编辑器

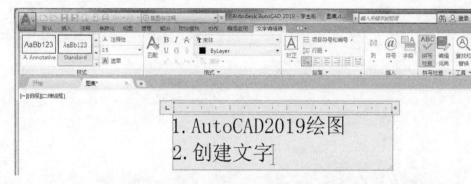

e) 输入文本，单击"关闭文字编辑器"按钮退出

图 5-111　创建文本

<记要>：

在文本创建过程中，退格键、空格键和<Enter>键的使用与常规文本录入的操作相同，按一次退格键可往前消除一个字符，按一次空格键可空出一个字符位置，按一次<Enter>键可另起新的文本输入行。

文本录入完成后退出编辑状态的办法如下：

1）单击"关闭文字编辑器"按钮即可自动保存当前输入的文字并退出编辑状态，如图5-111e所示。

2）文字输入完成后，将指针移至文本框以外的绘图区并单击，即可自动保存当前输入的文字并退出编辑状态，如图5-112所示。

指针移至文本框外，单击，退出文字编辑器

1. AutoCAD2019绘图
2. 创建文字

图 5-112　在文本框外单击退出文字编辑状态

3）文字输入完成后，按<Esc>键，绘图区弹出"多行文字-未保存的更改"对话框→单击"是"按钮→当前输入文字被保存并退出编辑状态，如图5-113所示。

图 5-113　按 < Esc > 键退出文字编辑状态

（2）创建特殊符号　打开文本框后，将指针移至文字编辑器的"插入"工具栏→单击"符号"按钮 @符号 →在下拉菜单中选择需要的字符，如图 5-114a 所示，选择"直径%%C"命令即可插入直径符号；若常规显示的没有需要的字符，可选择下拉菜单的最后一项"其他"命令→绘图区弹出"字符映射表"对话框→通过筛选和查找，可找到需要的各类字符，如图 5-114 所示。

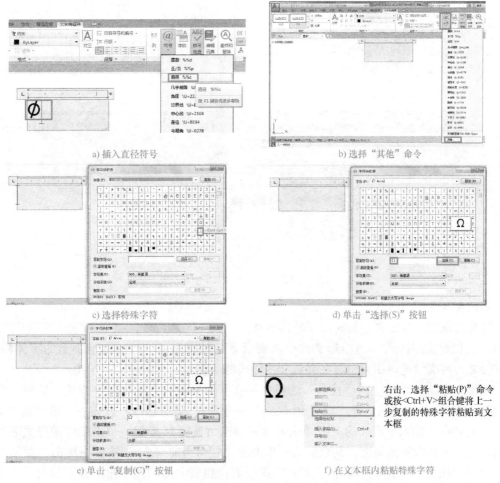

a）插入直径符号

b）选择"其他"命令

c）选择特殊字符

d）单击"选择(S)"按钮

e）单击"复制(C)"按钮

f）在文本框内粘贴特殊字符

右击，选择"粘贴(P)"命令或按<Ctrl+V>组合键将上一步复制的特殊字符粘贴到文本框

图 5-114　创建特殊字符

<记要>:

利用"字符映射表"对话框插入字符时操作如下:

在"字符映射表"对话框中选择需要的字符→单击"选择（S）"按钮→"复制字符"窗口出现选择所选的字符，同时"复制"按钮激活→单击"复制"按钮→单击"字符映射表"对话框右上角的关闭按钮→退出"字符映射表"对话框→将指针移至文本框内右击，在弹出的下拉菜单中选择"粘贴"命令，即可完成字符的插入，或使用粘贴的组合键<Ctrl + V>也可完成字符的插入，如图5-114所示。

（3）编辑文字　文字创建完成后，可能需要对文字类型和大小以及行间距进行重新调整，才能与图形协调，因此，对已创建的文字进行编辑显得十分必要。

将指针移至已创建的文字上→文字变亮→双击→激活"文字编辑器"→拖动鼠标指针选中文本框中的文字，所选中的文字区被淡蓝色填充→可调整文字高度、文字字体、文字颜色和行距等，如图5-115所示。

a) 已创建文字

b) 将指针移至文字上方

c) 双击文字进入编辑状态

d) 选中文字

e) 调整文字

图5-115　编辑文字

<记要>:

编辑完成后，退出文字编辑器，修改生效。

（4）创建文字样式　当图形文件中需要设置几种常用的、统一标准类型的字体样式，以方便之后再次快速调用时，可在默认文字样式的基础上创建新的文字样式。

单击"默认"菜单中的"注释"工具栏→在下拉列表中单击"文字样式"按钮→弹出"文字样式"对话框→默认样式为"Standard"→单击"新建（N）"按钮→弹出"新建文字样式"对话框，输入自定义的文字样式名称→单击"确定"按钮→单击新建的样式名称→分别设置字体名和字体高度，其余默认→单击的"置为当前（C）"按钮→单击"关闭"按钮→单击"注释"工具栏→单击"文字样式"下拉列表右侧的倒三角→在下拉菜单中可看到新创建的文字样式，也可在此处调用需要的文字样式，如图5-116所示。

a) 打开"注释"工具栏

b) 单击"文字样式"按钮

c) 弹出"文字样式"对话框

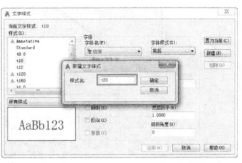

d) 单击"新建(N)"按钮

e) 编辑新建文字样式

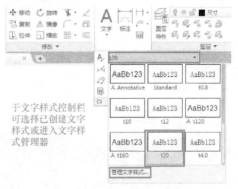

f) 调用已创建文字样式

图 5-116 创建新文字样式及调用

大展身手

根据图形结构、标注尺寸以及文字说明部分要求的标注样式，完成图 5-117 ~ 图 5-120 所示图样的创建。

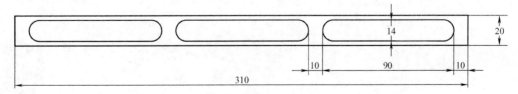

标注样式要求：
1. 创建新的标注样式，名称改为"ISO5"。
2. 标注字体为仿宋，字体高度值为5。
3. 箭头大小值为5。
4. 尺寸界线超出尺寸线的距离值为2，起点偏移值为1.5。

图 5-117 练习图 (一)

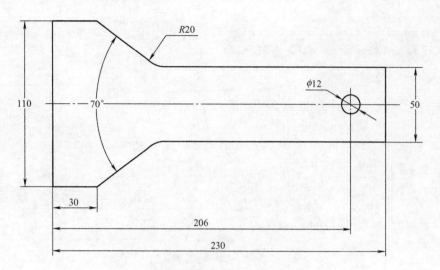

标注样式要求：
1. 创建新的标注样式，名称改为"ISO7.0"。
2. 标注字体为仿宋，字体高度值为7。
3. 箭头大小值为7。
4. 尺寸界线超出尺寸线的距离值为2，起点偏移值为1.5。

图 5-118　练习图（二）

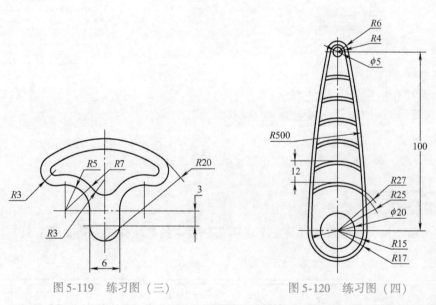

图 5-119　练习图（三）　　　　　　图 5-120　练习图（四）

任务 8　图层应用

图层应用

//// 任务描述

　　如图 5-121 所示，一个清晰、完整的图样中综合应用了图形轮廓、尺寸标注、中心线、曲线和剖面填充等；出现了粗实线、细实线、虚线和单点画线等；同时还出现了不同的颜色。整幅图表达的图形轮廓清晰、层次分明，以上所述内容可应用图层特性管理器进行统一管理和实现。

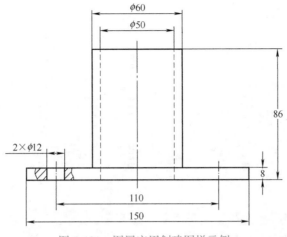

图 5-121　图层应用创建图样示例

思路引导

1. 打开图层特性管理器，创建图层，设定每个图层对应的线型、颜色和线宽。
2. 调整"粗实线"图层为当前图层，根据标注的尺寸创建图形轮廓线。
3. 调整"虚线"图层为当前图层，创建隐藏轮廓线。
4. 调整"细实线"图层为当前图层，创建局部剖边界线。
5. 调整"剖面线"图层为当前图层，创建局部剖填充线。
6. 调整"中心线"图层为当前图层，创建图形中心线。
7. 调整"尺寸"图层为当前图层，创建图形尺寸标注。

学习新指令

图层特性。

工 具 箱

名　称	图　标	备　注
图层特性	图层 特性	LA

任务步骤

1. 创建图层

要想使用图层首先应创建图层，而图层的创建需要在图层特性管理器中进行，如图 5-122 所示。

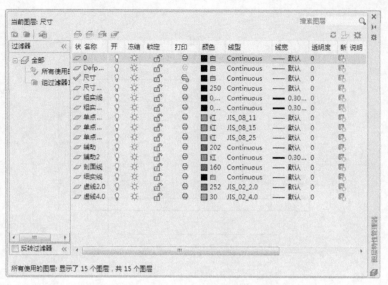

图 5-122　图层特性管理器

（1）打开图层特性管理器　单击"默认"菜单中"图层"工具栏中的"图层特性"按

钮 →绘图区弹出"图层特性管理器"对话框，如图 5-123 所示。

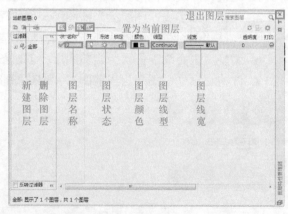

a）单击"图层特性"按钮　　　　　　　　　　b）弹出"图层特性管理器"对话框

图 5-123　打开"图层特性管理器"对话框

（2）新建图层及重命名　单击"新建图层"按钮 →编辑新图层名称，如图 5-124 所示。

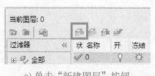

a）单击"新建图层"按钮　　　　　　　　　　b）编辑新图层名称

图 5-124　新建图层及重命名

<记要>:

0号图层为系统默认图层,不能更改其名称。

(3)编辑图层颜色　单击"颜色"栏色块→弹出"选择颜色"对话框→单击需要的颜色块→单击"确定"按钮,返回"图层特性管理器"对话框,如图5-125所示。

a)单击色块

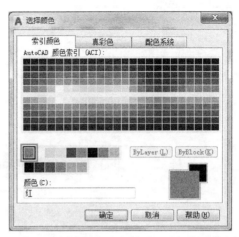

b)在"选择颜色"对话框中拾取颜色,单击"确定"按钮

c)完成对应图层颜色的更改

图5-125　编辑图层颜色

(4)编辑图层线型　单击"线型"栏功能条→弹出"选择线型"对话框→单击"加载(L)"按钮→弹出"加载或重载线型"对话框→将指针移至右侧滚动条上方,长按鼠标左键并拖动滚动条向下移动,找到需要的线型,并单击该线型名称,线型名称被选中时呈蓝色填充→单击"确定"按钮→返回"选择线型"对话框→单击上一步选择的线型→单击"确定"按钮完成线型设置,如图5-126所示。

a)单击"线型"功能条

b)单击"加载(L)"按钮

图5-126　编辑图层线型

c) 单击线型,单击"确定"按钮　　　　　　　　　d) 选择已加载的线型,单击"确定"按钮

e) 完成线型的设置

图 5-126　编辑图层线型(续)

<记要>:

0 号图层是系统默认图层,可更改其颜色、线型和线宽。

(5) 编辑线宽　单击"线宽"栏"——默认"功能条→弹出"线宽"对话框,从默认线宽到 2.11mm 共 25 种类型线宽→选择需要的线宽类型→单击"确定"按钮返回"图层特性管理器"对话框,如图 5-127 所示。

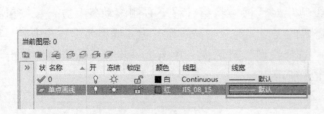

a) 单击"线宽"功能条　　　　　　　　　b) 选择线宽类型,单击"确定"按钮

c) 完成对应图层线宽的设置

图 5-127　编辑线宽

(6) 关闭"图层特性管理器"对话框　单击"图层特性管理器"对话框左上角或右上

角的关闭按钮，即可关闭"图层特性管理器"对话框。

2. 编辑图层

（1）删除图层　对于已创建的图层，若不需要使用，可将其删除，以免图层过多造成混乱。

打开图层管理器→单击需要删除的图层名称→被选中的图层被蓝色填充→单击"图层特性管理器"对话框中的"图层删除"按钮 或按＜Delete＞键，即可删除图层，如图 5-128 所示。

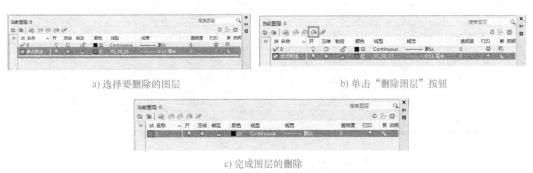

a) 选择要删除的图层　　　　　　　　　b) 单击"删除图层"按钮

c) 完成图层的删除

图 5-128　删除图层

＜记要＞：
0 号图层是系统默认图层，不能删除。

（2）重命名图层　当图层过多时，为了方便及时查找到所需图层，或需要更换已创建图层的名称时，可在"图层特性管理器"对话框中对图层进行重命名。

打开"图层特性管理器"对话框→将指针移至需要重命名的图层名称上右击→在弹出的菜单选项中选择"重命名图层"命令，或单击选中图层名称并按＜F2＞键→该图层名称切换成可编辑的文本框，输入图层名称→按＜Enter＞键→完成图层重命名，如图 5-129 所示。

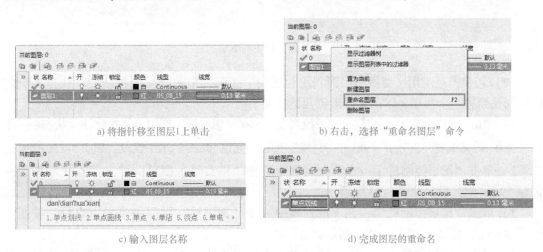

a) 将指针移至图层1上单击　　　　　　b) 右击，选择"重命名图层"命令

c) 输入图层名称　　　　　　　　　　　d) 完成图层的重命名

图 5-129　重命名图层

＜记要＞：
命名图层时，图层名称中不得含有 ＞、＜、／、＼、""、：、；、?、 *、｜、和 = 等字符。

0 号图层为系统默认图层，不可进行重命名。

3. 应用图层

（1）创建图层　根据图 5-121 图样创建图层，图层列表见表 5-1，创建的图层如图 5-130 所示。

表 5-1　图层列表

图层名称	颜　　色	线　　型	线宽/mm
尺寸	绿色	Continuous	0.09
粗实线	白色	Continuous	0.30
剖面线	蓝色	Continuous	0.09
细实线	白色	Continuous	0.09
虚线	黄色	JIS_02_4.0	0.09
中心线	红色	JIS_08_25	0.09

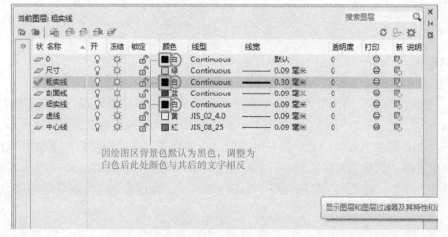

图 5-130　创建的图层

（2）切换图层应用　切换图层即利用"图层"工具栏中的"图层控制栏"快速从当前图层切换到另一个图层，以满足图形创建的需要。

1）单击"图层控制栏"按钮→在下拉列表中选择"粗实线"图层→将指针移至状态栏→单击"显示/隐藏线宽"按钮 ▤→单击"直线"按钮→创建 50mm 的水平线段，如图 5-131 所示。

2）单击"图层控制栏"→在下拉列表中选择"细实线"图层→单击"直线"按钮→创建 50mm 的线段，如图 5-132a 所示。

3）单击"图层控制栏"→在下拉列表中选择"剖面线"图层→单击"直线"按钮→创建 50mm 的线段，如图 5-132b 所示。

4）单击"图层控制栏"→在下拉列表中选择"虚线"图层→单击"直线"按钮→创建 50mm 的线段，如图 5-132c 所示。

5）单击"图层控制栏"→在下拉列表中选择"中心线"图层→单击"直线"按钮→创建 50mm 的线段，如图 5-132d 所示。

a) 单击"图层控制栏"按钮

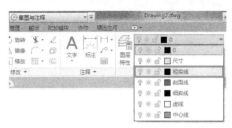

b) 拾取"粗实线"图层

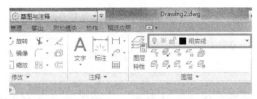

c) 将"粗实线"图层置为当前图层

d) 在状态栏单击"显示/隐藏线宽"按钮

e)"粗实线"图层线段

图 5-131　"粗实线"图层应用

6）单击"图层控制栏"→在下拉列表中选择"尺寸"图层→单击"直线"按钮→创建 50mm 的线段，如图 5-132e 所示。

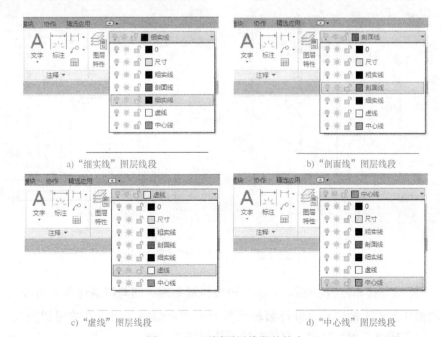

a)"细实线"图层线段

b)"剖面线"图层线段

c)"虚线"图层线段

d)"中心线"图层线段

图 5-132　不同图层线段的特点

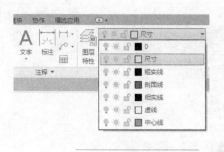

e)"尺寸"图层线段

图 5-132   不同图层线段的特点（续）

<记要>：

通过对比发现，不同的图层上绘制相同的线段，所产生的线型、线宽和颜色各不相同，且线段的特性与图层上的特性一致。

4. 控制图层

在图层应用过程中，经常会出现误操作，若不经意地单击了"图层特性管理器"或"图层控制栏"中每个图层都有的三个图层显示状态控制按钮 💡 ☀ 🔒 中的任意一个，将导致图形创建过程中出现操作异常，接下来主要讲解这三个按钮的主要应用，以便在图形创建过程中出现异常时能快速找到解决问题的办法。

1）图层开关按钮 💡：它的作用类似于照明，单击该按钮控制其开和关。当按钮变暗时，则该图层上所有元素被隐藏；当该按钮变亮时，该图层上所有元素出现。如图 5-133 所示，"尺寸"图层对应的图层开关按钮变暗后 💡，所有标注的尺寸都消失不见。

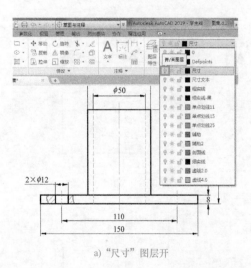

a)"尺寸"图层开

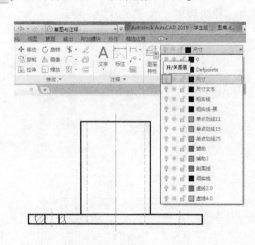

b)"尺寸"图层关

图 5-133   "尺寸"图层开关

2）图层冻结与解冻控制按钮 ☀：单击该按钮可实现冻结与解冻切换。当按钮为 ☀ 时，该图层上的图文元素不消隐，可进行编辑或置为当前可编辑图层；当按钮切换成 ❄ 时，该图层消隐，其上所有元素被隐藏，且该图层不能被置为当前图层，也不可编辑，直至解冻后才可恢复正常应用。如图5-134所示，当"粗实线"图层被冻结后，所有粗实线轮廓都消失不见。

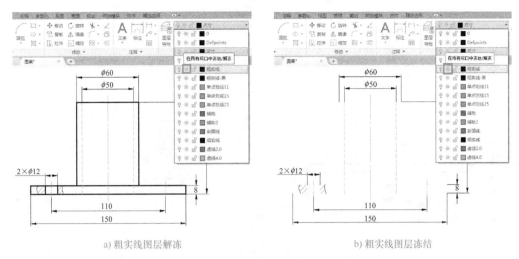

a) 粗实线图层解冻　　　　　　　　　b) 粗实线图层冻结

图 5-134　"粗实线"图层解冻与冻结

3）图层锁定与解锁按钮 ：单击该按钮可控制对应图层的锁定与解锁。当按钮为 时，该图层为可编辑状态，其上所有图文元素都可见、可编辑；当按钮为 时，该图层为锁定状态，其上所有图文元素均可见，但不可进行编辑，直至解除锁定后方可恢复正常应用。如图5-135所示，"尺寸"图层被锁定后，所有标注的尺寸颜色都变暗，当指针移至任意一个标注的尺寸上，十字指针右上角会出现一把小锁图样，表明该对象已经被锁定，不能对其执行任何操作。

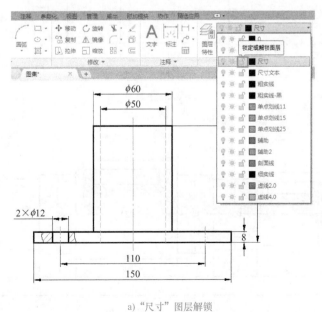

a) "尺寸"图层解锁

图 5-135　"尺寸"图层锁定与解锁

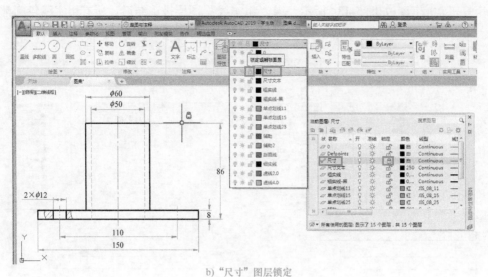

b) "尺寸" 图层锁定

图 5-135 "尺寸" 图层锁定与解锁（续）

大展身手

综合应用图层和尺寸标注及绘图工具，完成图 5-121 及图 5-136、图 5-137 所示图样。

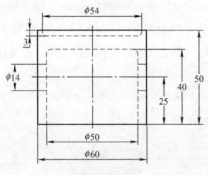

未注圆角 $R2$。

图 5-136 练习图（一）

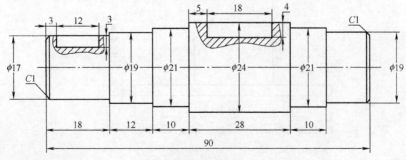

图 5-137 练习图（二）

零件图和装配图的创建

零件图是表示零件体平面结构、尺寸和技术要求的技术图样。装配图是表示机器或部件的连接、装配关系并作为指导产品设计、改造和安装的重要技术文件。本项目学习在 AutoCAD 2019 软件中创建零件图和装配图，在绘图和编辑图形的基础上进一步掌握图层、尺寸标注、表面粗糙度符号的创建与应用、几何公差的创建与应用、文字创建和特性应用等，结合制图标准和制图方法，完成比较复杂的零件图的创建，进而在零件图的基础上尝试装配图的创建。

任务1 双头连接螺柱零件图的创建

任务描述

图 6-1 所示为双头连接螺柱零件图，图中除了常规的尺寸标注外，还出现了倒角标注以及在尺寸值后面的公差和极限偏差标注。此外需要创建 A4 规格不留装订边横向放置的图幅，简化标题栏位于图幅右下角，双头连接螺柱零件图以 1:1 的比例居中分布于图幅内。

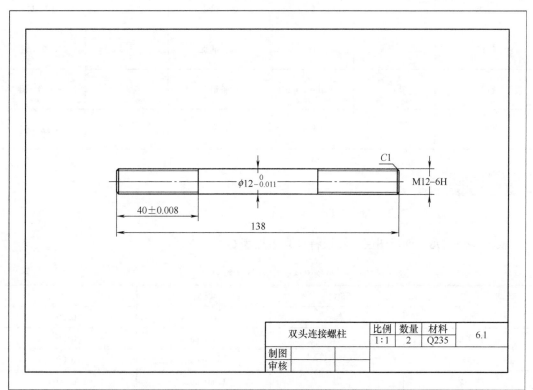

图 6-1 双头连接螺柱零件图

思路引导

1. 根据零件图创建图层。
2. 根据零件图的结构和标注尺寸创建图形。
3. 创建图形的基本尺寸标注。
4. 利用"特性"工具栏创建尺寸值的前、后缀以及公差。
5. 利用"直线"指令和"文字"指令创建倒角标注。
6. 根据图幅和标题栏尺寸，创建图框线和标题栏。
7. 调整零件图形在图框中的分布位置。

学习新指令

特性；倒角。

工 具 箱

名　称	图　标	备　注	名　称	图　标	备　注
图层特性	图层特性	LA	线宽显示		LW
直线	直线	L	动态输入		DYNM
标注		D	对象捕捉		<F3>键
特性		<Ctrl+1>键	极轴追踪		<F10>键
倒角	倒角	CHA	正交		<F8>键

任务步骤

1. 创建图层

根据零件图元素创建图层，图层特性列表见表6-1。

表6-1　图层特性列表

名称	颜色	线型	线宽/mm
尺寸	绿	Continuous	0.09
粗实线	黑	Continuous	0.30
文本	绿	Continuous	0.09
细实线	黑	Continuous	0.09
中心线	红	JIS_08_25	0.09

图层创建样式如图 6-2 所示。

当前图层: 0						搜索图层	
状	名称 ▲	开	冻结	锁定	颜色	线型	线宽	透明
✔	0				□ 白	Continuous	——— 默认	0
	尺寸				□ 绿	Continuous	—— 0.09 毫米	0
	粗实线				■ 0,0,0	Continuous	—— 0.30 毫米	0
	文本				□ 绿	Continuous	—— 0.09 毫米	0
	细实线				■ 0,0,0	Continuous	—— 0.09 毫米	0
	中心线				■ 红	JIS_08_25	—— 0.09 毫米	0

图 6-2　图层创建样式

2. 创建双头连接螺柱图样

1）确保"正交模式""线框显示""对象捕捉""极轴追踪"均为开启状态。

2）选用"粗实线"图层为当前图层，利用"直线"指令创建螺栓外形轮廓，如图 6-3 所示。

3）利用"倒角"指令创建倒角。

单击"倒角"按钮→命令行提示"（"修剪"模式）

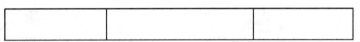

图 6-3　螺栓外形轮廓

当前倒角距离 1 = 0.0000，距离 2 = 0.0000"→输入字母"d"→按 < Enter > 键→输入第一个倒角距离值"1"→按 < Enter > 键→输入第二个倒角距离值"1"→按 < Enter > 键→输入字母"t"→按 < Enter > 键→指针右下角弹出选项，选择"修剪（T）"命令→输入字母"m"→按 < Enter > 键→单击线段 ad→单击线段 ab→完成 a 点处倒角的创建→单击线段 ab→单击线段 bc→完成 b 点处倒角的创建→单击线段 bc→单击线段 cd→完成 c 点处倒角的创建→单击线段 cd→单击线段 ad→完成 d 点处倒角的创建→按 < Esc > 键退出倒角创建，如图 6-4 所示。

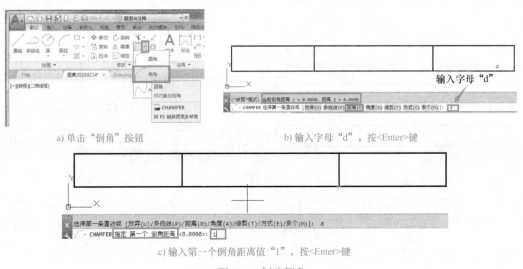

a) 单击"倒角"按钮

b) 输入字母"d"，按<Enter>键

c) 输入第一个倒角距离值"1"，按<Enter>键

图 6-4　创建倒角

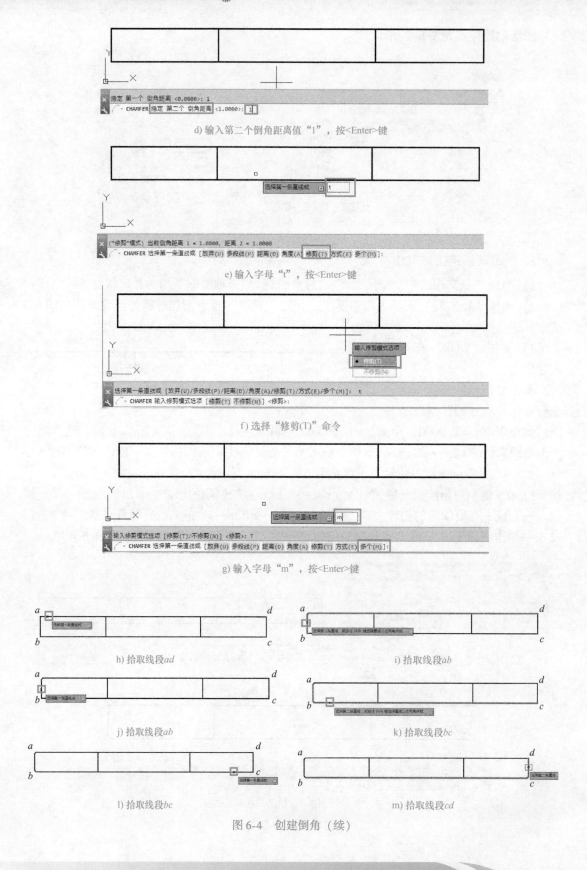

d) 输入第二个倒角距离值"1"，按<Enter>键

e) 输入字母"t"，按<Enter>键

f) 选择"修剪(T)"命令

g) 输入字母"m"，按<Enter>键

h) 拾取线段ad

i) 拾取线段ab

j) 拾取线段ab

k) 拾取线段bc

l) 拾取线段bc

m) 拾取线段cd

图 6-4　创建倒角（续）

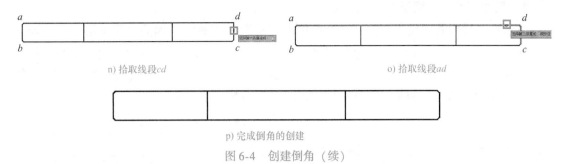

n) 拾取线段cd

o) 拾取线段ad

p) 完成倒角的创建

图 6-4 创建倒角（续）

＜记要＞：

① 输入字母"d"并按＜Enter＞键，用于编辑倒角距离1和距离2的数值，通常距离1和距离2的值相等。

② 输入字母"t"并按＜Enter＞键，用于选择倒角时修剪或不修剪倒角边线。

③ 输入字母"m"并按＜Enter＞键，用于激活多个倒角模式，可连续创建倒角，否则每次只能实现一处倒角创建。

4）应用"直线"指令连接左侧和右侧的上下倒角顶点创建倒角边线，如图6-5所示。

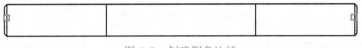

图 6-5 创建倒角边线

5）选用"中心线"图层为当前图层，应用"直线"指令创建螺柱的中心轴线，如图6-6所示。

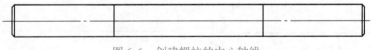

图 6-6 创建螺柱的中心轴线

6）选用"细实线"图层为当前图层，应用"直线"指令创建螺纹的牙根线，如图6-7所示。

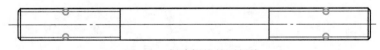

图 6-7 创建螺纹的牙根线

7）创建标注样式，选择"尺寸"图层为当前图层，单击"线性"标注按钮，创建螺柱的基本尺寸标注，如图6-8所示。

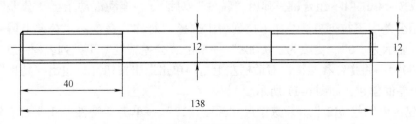

图 6-8 创建螺柱的基本尺寸标注

8）尺寸值前、后缀添加（M12 – 6H）。

方法一：选中右侧尺寸标注"12"→单击"特性"工具栏右侧的斜箭头按钮 →绘图区左侧弹出"特性"对话框→拖动滚动条至"主单位"命令组→单击"标注前缀"右侧的文本框→输入大写字母"M"→单击"标注后缀"右侧的文本框→输入"– 6H"→按 ＜Enter＞键→完成尺寸数值前缀和后缀的添加，如图6-9所示。

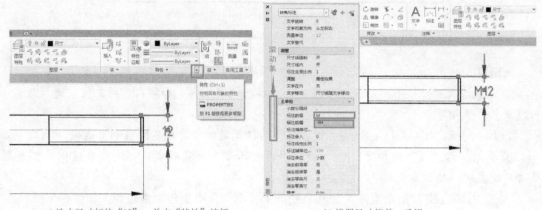

a) 选中尺寸标注"12"，单击"特性"按钮   b) 设置尺寸值前、后缀

图6-9 添加尺寸值前、后缀（一）

方法二：将指针移至右侧标注的尺寸值"12"上方→双击进入文本编辑状态，光标在左侧闪烁→输入大写字母"M"→按键盘上的右移动键使光标移至数字"12"右侧→输入"– 6H"→将指针移至空白处双击，退出文本编辑状态，如图6-10所示。

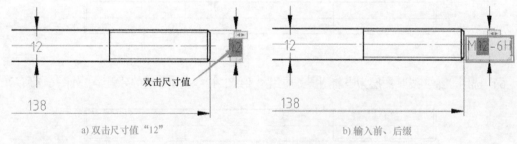

a) 双击尺寸值"12"   b) 输入前、后缀

图6-10 添加尺寸值前、后缀（二）

9）创建尺寸公差（40 ± 0.008、$\phi 12_{-0.011}^{0}$）。

① 创建对称公差 40 ± 0.008。选中尺寸标注"40"→单击"特性"工具栏右侧的斜箭头按钮 或按＜Ctrl + 1＞组合键→弹出"特性"对话框→拖动滚动条至"公差"选项组→单击"显示公差"下拉列表框→在下拉列表中选择"对称"命令→"公差上偏差"右侧的文本框默认显示为"0"，更改为"0.008"→单击"公差精度"下拉列表框→在下拉列表中选择"0.000"→将指针移至特性对话框左上角→单击退出按钮 ，退出"特性"对话框→完成对称公差的创建，如图6-11所示。

② 创建极限偏差 $\phi 12_{-0.011}^{0}$。选中尺寸标注"12"→单击"特性"工具栏右侧的斜箭头按钮 或按组合键＜Ctrl + 1＞→弹出"特性"对话框→拖动滚动条至"主单位"选项组→

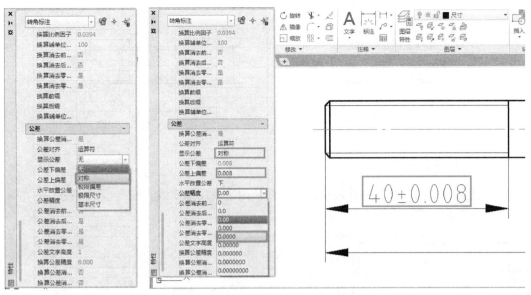

a) 设置"显示公差"　　　　　　　　　　　b) 设置"公差上偏差"和"公差精度"

图 6-11　对称公差的创建

单击"标注前缀"右侧的文本框→输入"％％C"→按 < Enter > 键→完成前缀直径符号"φ"的创建→拖动滚动条至"公差"选项组→单击"显示公差"右侧的文本框→在下拉列表中选择"极限偏差"命令→单击"公差下偏差"右侧的文本框→修改参数为"0.011"→单击"水平放置公差"右侧的文本框→在下拉列表中选择"中"命令→单击"公差精度"右侧的文本框→在下拉列表中选择"0.000"→完成极限偏差的创建，如图 6-12 所示。

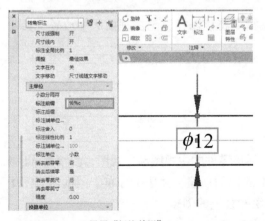

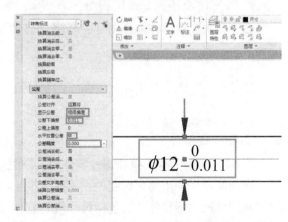

a) 设置"标注前缀"　　　　　　b) 设置"显示公差""公差下偏差""水平放置公差"
　　　　　　　　　　　　　　　　和"公差精度"

图 6-12　极限偏差的创建

10）创建倒角标注（C1）。选择"尺寸"图层为当前图层→单击"直线"按钮→在倒角的斜坡线延长线方向上创建如图 6-13a 所示尺寸线→创建文字样式，创建文本输入"C1"→调整"C1"文本至所创线段的上方，如图 6-13 所示。

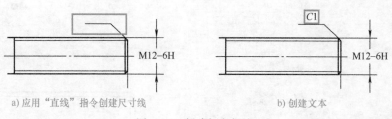

a) 应用"直线"指令创建尺寸线   b) 创建文本

图 6-13 创建倒角标注

3. 创建图框和标题栏

图框线用粗实线，标题栏外框线用粗实线，内边线用细实线，如图 6-14 所示。

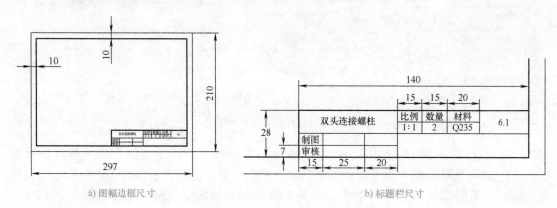

a) 图幅边框尺寸   b) 标题栏尺寸

图 6-14 创建图框和标题栏

4. 将零件图样移至图框中均匀分布

选中双头连接螺柱零件图样，利用"移动"指令将该图样移至图框内居中放置，参见图 6-1。

任务 2 双头拉杆螺柱零件图的创建

任务描述

图 6-15 所示为双头拉杆螺柱零件图，该图包括该零件的主视图和左视图，图幅为 A4 格式，横向放置，采用简化标题栏，零件图按 1∶1 的比例创建，并居中分布于图框内。图中除了常规的尺寸标注外，还包括尺寸值的前、后缀和公差的创建。

思路引导

1. 利用"多边形"指令创建正六边形，完成左视图，利用三视图投影特性"高平齐"创建主视图六面体部分。

2. 利用"直线"指令完成双头拉杆螺柱螺纹部分的轮廓创建。

3. 利用尺寸标注指令完成基本尺寸标注，利用"引线"指令完成倒角标注。

4. 利用"特性"指令创建尺寸公差、尺寸前缀和后缀。

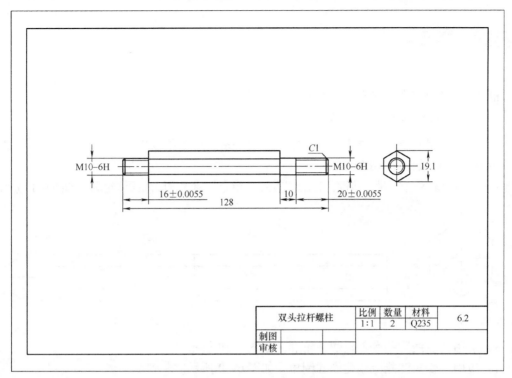

图 6-15　双头拉杆螺柱零件图

5. 根据最终图样创建图框和标题栏。

6. 将零件图样移至图框中均匀分布。

学习新指令

引线。

工具箱

名　称	图　标	备　注	名　称	图　标	备　注
图层特性	图层特性	LA	对象捕捉追踪		＜F11＞键
直线	直线	L	动态输入		DYNM
多边形	多边形	POL	对象捕捉		＜F3＞键
标注		—	极轴追踪		＜F10＞键
特性		＜Ctrl＋1＞键	正交		＜F8＞键
线宽显示		LW	引线		MLD

任务步骤

1. 创建图层

根据表6-1所列的图层类型和特性，创建图层。

2. 创建双头拉杆螺柱图样

1）选用"粗实线"图层为当前图层，应用"多边形"指令创建正六边形，取外接圆直径值为19.1mm，如图6-16所示。

2）应用"高平齐"投影特性，利用"直线"指令创建主视图六面体轮廓，如图6-17所示。

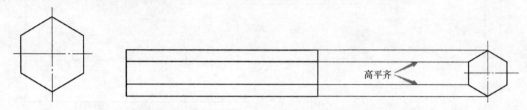

图6-16　创建正六边形　　　　　　　　图6-17　创建主视图六面体轮廓

3）应用"直线"指令创建螺柱轮廓，如图6-18所示。

4）应用"倒角"指令创建螺柱倒角，如图6-19所示。

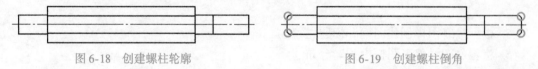

图6-18　创建螺柱轮廓　　　　　　　　图6-19　创建螺柱倒角

5）应用"直线"指令连接倒角，选用"细实线"图层创建螺纹牙根线，如图6-20所示。

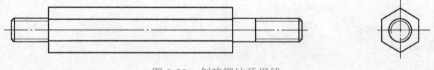

图6-20　创建螺纹牙根线

6）选择"尺寸"图层为当前图层，创建尺寸标注，应用标注指令创建基本尺寸标注，如图6-21所示。

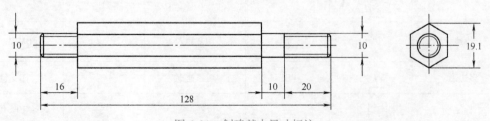

图6-21　创建基本尺寸标注

7）选中尺寸值"10"，编辑尺寸值的前缀和后缀；应用同样的操作分别创建其余尺寸的前、后缀和公差，如图6-22所示。

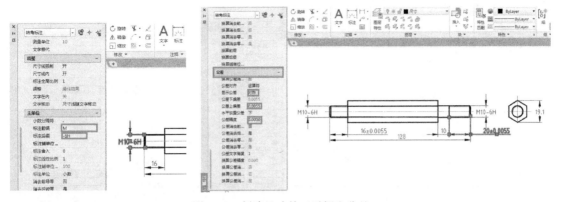

图 6-22 创建尺寸前、后级和公差

8）应用"引线"指令创建倒角标注"C1"。

① 创建引线样式。单击"注释"工具栏→在下拉菜单中单击"多重引线样式管理器"按钮♪→弹出"多重引线样式管理器"对话框→单击"新建（N）"按钮→编辑新建引线样式名称→单击"继续（O）"按钮→弹出"修改多重引线样式：倒角标注引线"对话框→在"内容"标签下的文字选项组中选择文字样式→在引线连接选项组中修改"水平连接"的左和右位置为"第一行加下划线"→在"引线格式"标签下的箭头选项组中修改箭头符号为"无"→单击"确定"按钮返回多重引线管理器→在左侧的样式列表中单击刚创建的新引线模式→单击"置为当前（U）"按钮→单击"关闭"按钮退出管理器，如图 6-23 所示。

a) 单击"多重引线样式管理器"按钮

b) 弹出"多重引线样式管理器"对话框

c) 新建引线样式

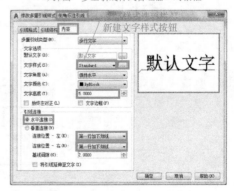

d) 设置文字样式

图 6-23 创建引线样式

e) 设置引线格式　　　　　　　　　　　　　f) 选定为当前样式

图 6-23　创建引线样式（续）

<记要>：

默认的引线样式中引线终端在文字的左侧，而倒角的标注文字需要在尺寸线上，因此需要创建适合倒角标注的引线样式。

② 应用新建引线样式标注倒角"C1"。关闭"正交"模式→单击"注释"工具栏中的"多重引线样式管理器"按钮→将指针移至倒角端点，捕捉端点并沿倒角斜边的延长线方向拖动指针移动，指针的移动路径上出现绿色极轴线，该极轴线与倒角的斜边共线→将指针沿共线极轴线稍移动 3~5mm 的距离并单击→指针返回倒角端点捕捉端点→将指针沿倒角斜边的共线极轴线移动至适当位置并单击，确定引线终端位置→终端出现光标闪烁的文本框→输入"C1"→将指针移至空白区域单击→完成倒角标注，如图 6-24 所示。

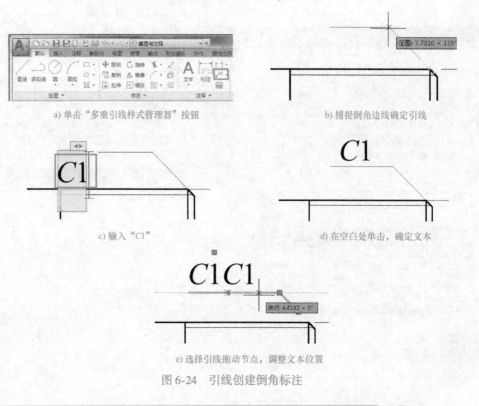

a) 单击"多重引线样式管理器"按钮　　　　　b) 捕捉倒角边线确定引线

c) 输入"C1"　　　　　　　　　　　　　　d) 在空白处单击，确定文本

e) 选择引线拖动节点，调整文本位置

图 6-24　引线创建倒角标注

3. 创建图框和标题栏

结合零件图样创建 A4 图框线，A4 纸横向放置，再创建标题栏，如图 6-25 所示。

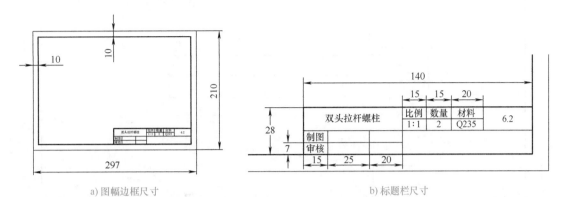

a) 图幅边框尺寸　　　　　　　　　　　　b) 标题栏尺寸

图 6-25　创建图框和标题栏

4. 将零件图移至图框中均匀分布

选中双头拉杆螺柱零件图样并应用"移动"指令居中放置在图幅内，完成后如图 6-15 所示。

任务3　顶杆零件图的创建

任务描述

图 6-26 所示为顶杆的零件图，顶杆为六角头螺纹顶杆，除了常规的尺寸标注，还有尺寸公差、尺寸值前缀和后缀，以及倒角，另外增加了基准要素标识、几何公差、技术要求文本的创建、以及局部放大视图的创建。

思路引导

1. 利用"多边形"指令创建顶杆的六面体部分。
2. 应用"直线"指令创建螺纹部分和顶头部分以及中心轴线。
3. 创建基础尺寸标注。
4. 应用"直线"指令或"引线"创建倒角标注。
5. 应用"特性"指令尺寸前缀、后缀及尺寸公差标注。
6. 应用"创建块"指令创建几何公差基准符号，并应用"插入块"指令调用。
7. 应用"公差"指令创建几何公差。
8. 应用"文字"指令创建技术要求文字。
9. 应用"复制"指令和"缩放"创建局部放大视图。

学习新指令

圆角；创建块；插入块；几何公差。

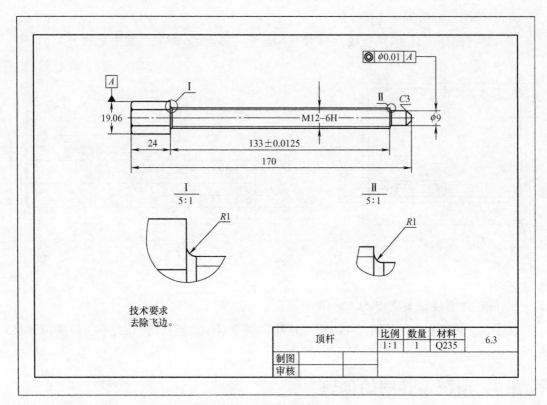

图 6-26　顶杆零件图

工具箱

名　称	图　标	备　注	名　称	图　标	备　注
图层特性	图层特性	LA	创建块		B
多边形	多边形	POL	插入块	插入	I
直线	直线	L	几何公差		TOL
特性		< Ctrl + 1 > 键	文字	A 文字	T
引线		MLD	对象捕捉		< F3 > 键
线宽显示		LW	极轴追踪		< F10 > 键
动态输入		DYNM	正交		< F8 > 键
复制	复制	CO	缩放	缩放	SC
圆	圆	C	圆角	圆角	F

任务步骤

1. 创建图层、尺寸标注样式和文字样式

根据顶杆零件图创建图层、尺寸标注和文字样式。

2. 创建顶杆图样

1）将"粗实线"图层设定为当前工作图层，应用"多边形"指令创建正六边形，根据"高平齐"投影特性创建顶杆的六面体部分，如图 6-27 所示。

2）应用"直线"指令创建螺纹杆，其中牙顶线即螺纹杆外径部分，在"粗实线"图层创建；牙根线则在"细实线"图层创建，如图 6-28 所示。

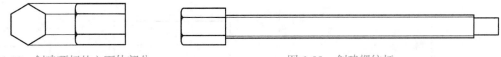

图 6-27　创建顶杆的六面体部分　　　　　　图 6-28　创建螺纹杆

3）应用"倒角"和"圆角"指令创建圆角 *R*1 和倒角 *C*3，如图 6-29 所示。

单击"圆角"按钮→输入字母"r"→回车 1 次→输入圆角半径值"1"→回车 1 次→输入字母"t"→回车 1 次→指针右下角弹出选项，选择"不修剪（N）"→输入字母"m"→回车 1 次→拾取第一条圆角边线→拾取第二条圆角边线→完成一个圆角的创建→连续完成其余三个 *R*1 圆角的创建→创建圆角处连接的轮廓线→应用倒角指令完成 *C*3 倒角的创建。

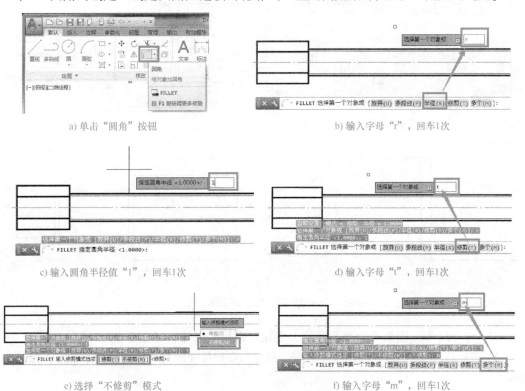

a) 单击"圆角"按钮　　　　　　　　　　　b) 输入字母"r"，回车1次

c) 输入圆角半径值"1"，回车1次　　　　　　d) 输入字母"t"，回车1次

e) 选择"不修剪"模式　　　　　　　　　　f) 输入字母"m"，回车1次

图 6-29　创建圆角 *R*1 和倒角 *C*3

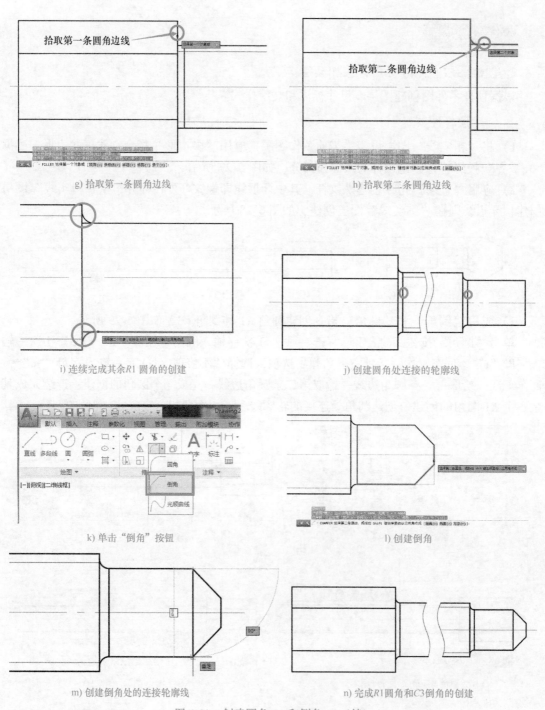

拾取第一条圆角边线

g) 拾取第一条圆角边线

拾取第二条圆角边线

h) 拾取第二条圆角边线

i) 连续完成其余R1 圆角的创建

j) 创建圆角处连接的轮廓线

k) 单击"倒角"按钮

l) 创建倒角

m) 创建倒角处的连接轮廓线

n) 完成R1圆角和C3倒角的创建

图 6-29　创建圆角 R1 和倒角 C3（续）

4）将"尺寸"图层置为当前图层，创建基础尺寸标注，如图 6-30 所示。

5）应用"特性"指令创建尺寸的前、后缀，创建尺寸的对称公差和极限偏差，如图 6-31 所示。

6）应用"直线"指令或"引线"创建倒角标注"C3"，如图 6-32 所示。

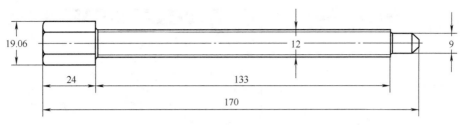

图 6-30　创建基础尺寸标注

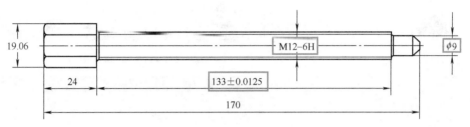

图 6-31　创建尺寸的前、后缀，对称公差和极限偏差

7）基准要素标识的创建与应用。应用"直线"指令创建几何公差基准符号，并应用"创建块"指令将该基准要素标识存储为模块，再应用"插入块"指令调用已存储的模块，方便今后调用，无须重新创建。

① 创建基准要素标识图样。根据 GB/T 1182—2018《产品几何技术规范（GPS）几何公差、形状、方向、位置和跳动公差标注》要求，基准要素标识采用如图 6-33 所示图样。

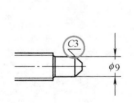

图 6-32　创建倒角标注

图 6-33　基准要素标识结构图

② 将基准要素标识创建为块。选中创建的基准要素标识所有元素→单击"块"工具栏中的"创建"按钮 →弹出"块定义"窗口→输入块名称"基准要素 A"或"jzysA"→单击"拾取点（K）"按钮 →"块定义"对话框消隐，指针右下角提示"指定插入基点："→将指针移至基准要素标识底部中点→单击确定基准要素标识的插入基点→弹出"块定义"对话框→单击"确定"按钮→完成基准要素块的创建，如图 6-34 所示。

③ 插入块应用。创建基准引线→单击"块"工具栏中的"插入"按钮 →在下拉列表中选择已创建的"基准要素 A"→将指针移至图中指定位置处单击，确定放置位置→完成块的插入，如图 6-35 所示。

8）应用"公差"指令创建几何公差。选定"尺寸"图层为当前工作图层，单击"注释"菜单→单击"标注"工具栏中的"标注"按钮→在下拉列表中单击"公差"按钮 →

a) 选中元素，创建块

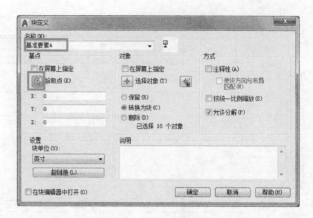

b) 输入块名称，单击"拾取点"按钮

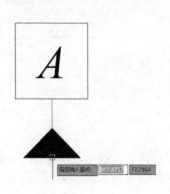

c) 拾取基准点

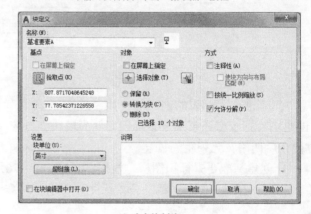

d) 确定块创建

图 6-34 创建基准要素块

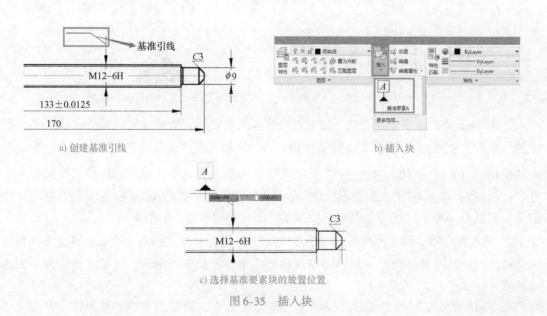

a) 创建基准引线

b) 插入块

c) 选择基准要素块的放置位置

图 6-35 插入块

弹出"形位公差"⊖对话框→单击"符号"下方的黑色方块→弹出"特征符号"对话框→选择所需的几何公差符号→返回"形位公差"对话框→在"公差1"下方的文本框内输入"0.01"→在"基准1"下方的文本框内输入"A"→单击"确定"按钮退出"形位公差"对话框→将指针移至绘图区→指针右侧出现几何公差的标注图样且随指针移动→将指针移至适当位置后单击，确定放置位置→创建连接线→双击几何公差符号，弹出"形位公差"对话框→完成几何公差的创建，如图6-36所示。

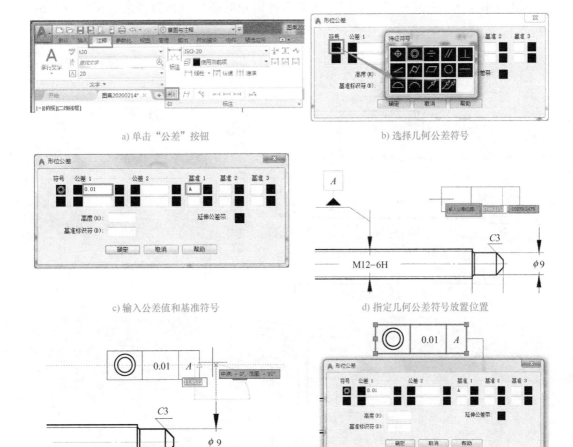

a) 单击"公差"按钮　　　　　　b) 选择几何公差符号

c) 输入公差值和基准符号　　　　d) 指定几何公差符号放置位置

e) 创建连接线　　　　f) 双击几何公差符号弹出"形位公差"对话框

图6-36　创建几何公差

<记要>：

1）几何公差图样大小以及内部图形和文字的大小与当前的尺寸标注样式紧密相关，一旦完成创建，不可再更改其样式。

2）创建的几何公差图样中不包括引线和箭头，需要手动添加。

3）需要重新修改参数时，双击几何公差符号，弹出"形位公差"对话框，即可更改参数。

⊖ "形位公差"的规范术语为"几何公差"，但鉴于类似处来自软件，因此暂保留"形位公差"。

9）创建局部放大视图。

① 应用"圆"指令、"直线"指令、"文字"指令创建 I 和 II 两处局部放大标识符号，如图 6-37 所示。

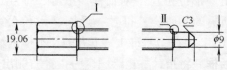

图 6-37　创建局部放大标识符号

② 选中 I 和 II 处圆内的图形元素→单击"复制"按钮→单击基准点→向下方空白区域移动指针→单击确定放置位置→单击"曲线"按钮创建自由曲线，使其穿过复制的 I 和 II 两处圆角处图样→修剪多余线条，如图 6-38 所示。

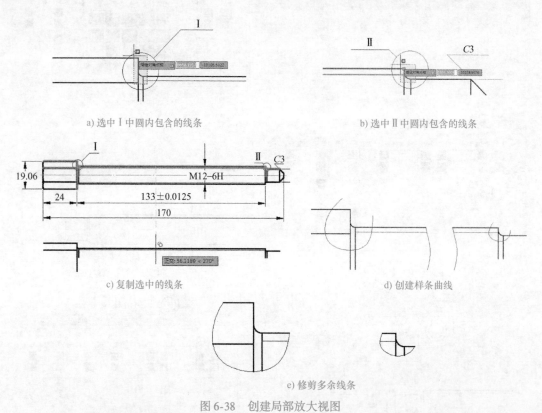

a) 选中 I 中圆内包含的线条

b) 选中 II 中圆内包含的线条

c) 复制选中的线条

d) 创建样条曲线

e) 修剪多余线条

图 6-38　创建局部放大视图

③ 选中 I 处局部图样→单击"缩放"按钮□ 缩放→将指针移至局部视图内单击确定缩放的基准点→指针右下角提示"指定比例因子或"→输入比例因子"5"→按 < Enter > 键，完成选中的 I 处局部图样五倍放大，如图 6-39 所示。

④ 重复第③步的操作，完成选中的 II 处局部图样五倍放大，如图 6-40 所示。

⑤ 应用"文字"指令和"直线"指令创建 I 和 II 处局部放大视图上方的文字标识，如图 6-41 所示。

⑥ 创建局部放大视图中的尺寸标注，如图 6-42 所示。

< 记要 >：

局部放大视图所有图形元素、尺寸均跟随比例系数放大，因此标注的参数并不是图形表示的实物尺寸。机械制图的国家标准规定，零件图上标注的尺寸值须为表示的实物尺寸值，不跟随比例变化，针对局部放大视图的尺寸标注，此处给出如下两种参考方法：

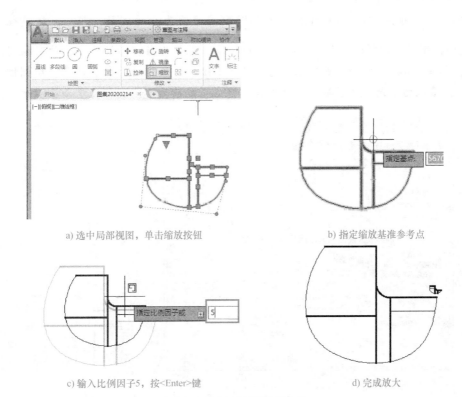

图 6-39 Ⅰ处局部视图放大

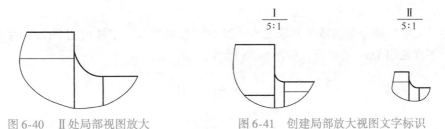

图 6-40 Ⅱ处局部视图放大   图 6-41 创建局部放大视图文字标识

方法一：沿用当前尺寸标注样式，创建尺寸标注→双击已经标注的尺寸数值→数值转换为可编辑文本框，重新输入放大前的尺寸数值，如图 6-43 所示。

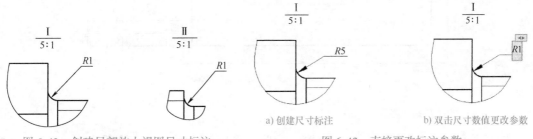

图 6-42 创建局部放大视图尺寸标注   图 6-43 直接更改标注参数

方法二：以当前标注样式为基础，创建新的标注样式，更改"主单位"标签下"比例因子（E）"复选按钮为局部放大视图放大比例系数的倒数值。例如，视图放大 5 倍后，"测量单位比例"选项组中的"比例因子（E）"则应修改为 5 的倒数，即 $\frac{1}{5}$，转换成小数即 0.2，缩小视图也是同样的操作，并将创建的标注样式置为当前标注样式，此时执行尺寸标注即可，如图 6-44 所示。但应尽量避免使用此项操作，在应用时也要注意，比例因子通常默认为 1，修改为不是 1 的参数后，该类尺寸样式不能应用于角度和尺寸公差的标注。

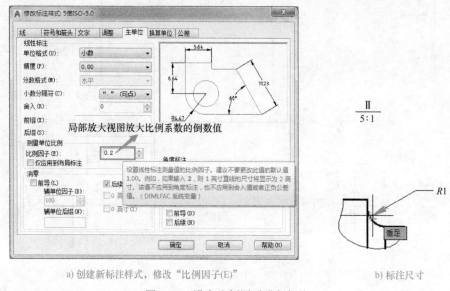

a) 创建新标注样式，修改"比例因子(E)"   b) 标注尺寸

图 6-44　设定比例因子进行标注

3. 创建技术要求文本

应用"文字"指令创建技术要求文本，其中"技术要求"字样使用 7mm 的字高，"去除飞边"字样使用 5mm 的字高，如图 6-45 所示。

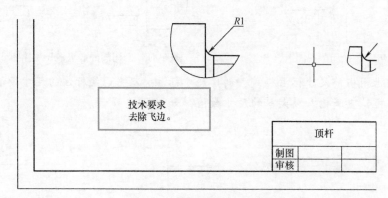

图 6-45　创建技术要求文本

4. 创建图框和标题栏

图框采用 A4 规格幅面，横向放置，标题栏采用简化标题栏，绘图比例为 1∶1，如图 6-46 所示。

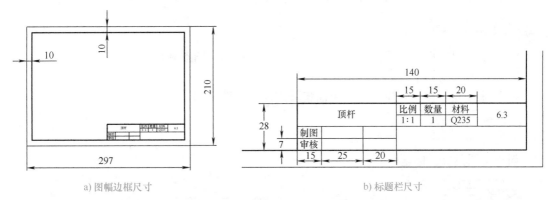

a) 图幅边框尺寸   b) 标题栏尺寸

图 6-46 创建图框和标题栏

5. 将零件图移至图框中均匀分布

选中已经创建好的顶杆零件图样及其技术要求文字部分，应用"移动"指令将图样移至图框内居内分布，如图 6-26 所示。

任务 4 开口支架零件图的创建

任务描述

图 6-47 所示为开口支架零件图，有主视图和俯视图，主视图采用半剖视图，剖切区域采用 45°斜线填充；开口支架上、下两个表面的表面粗糙度为 3.2μm，开口槽侧面的表面粗糙度为 6.3μm；其余为常规的尺寸标注、尺寸前缀、尺寸后缀、尺寸公差、几何公差、基准要素标识和技术要求等。

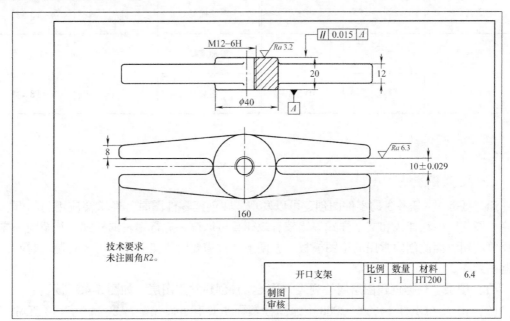

图 6-47 开口支架零件图

思路引导

1. 创建绘图模板，包括图层、标注样式、文字样式、图框和标题栏等。
2. 创建开口支架主视图和俯视图。
3. 创建尺寸标注、几何公差、表面粗糙度和技术要求等。

学习新指令

创建绘图模板；标题栏。

工具箱

名　称	图　标	备　注	名　称	图　标	备　注
图层特性	图层特性	LA	创建块		B
直线	直线	L	插入块	插入	I
圆	圆	C	几何公差		TOL
特性		<Ctrl+1>键	文字	A 文字	T
填充		H	对象捕捉		<F3>键
线宽显示		LWD	极轴追踪		<F10>键
动态输入		DYNM	正交		<F8>键

任务步骤

1. 创建绘图模板

通过任务1～任务3的零件图创建可以发现，在创建零件图时，经常会应用到图框、标题栏、图层、标注样式和文字样式等比较有规律且可以统一进行编辑的样式，甚至同一样式会反复应用，因此创建常用的绘图模板，方便下一次需要时直接调用，可节省制图时间，提高制图效率。

（1）图层　根据创建图层属性列表（表6-2）创建常用图层，如图6-48所示。

（2）图框（GB/T 14689—2008）　国标幅面主要有A4、A3、A2、A1和A0五种，现以A4幅面为例进行创建。

表 6-2　创建图层属性列表

图层名称	颜色	线型	线宽/mm
粗实线	黑色	Continuous	0.50
细实线	黑色	Continuous	0.25
虚线	黄色	JIS_02_4.0	0.25
中心线	红色	JIS_08_25	0.25
尺寸	绿色	Continuous	0.25
文本	绿色	Continuous	0.25
填充	青色	Continuous	0.25

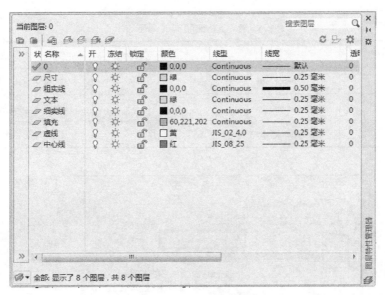

图 6-48　创建常用图层

A4 幅面有横向和纵向两种放置方式，每一项又有留装订边和不留装订边两种形式，此处以 A4 幅面留装订边横向放置为例进行创建，如图 6-49 所示，图幅边缘用细实线，图框线用粗实线。

（3）标题栏（GB/T 10609.1—2008）　标题栏分布于图幅正放的右下角，外框线为粗实线，内边线为细实线，标题栏的下边框和右侧边框线与图框线重合，如图 6-50 所示。

（4）文字样式（GB/T 14691—1993）　国家制图标准规定图纸文字采用长仿宋体，常用字高有 1.8mm、2.5mm、3.5mm、5mm、7mm、10mm、14mm 和 20mm，根据实际零件图样选用适当的字高，AutoCAD 2019 软件中可选择"gbenor.shx"字体，可按文字样式列表（表 6-3）创建文字样式，如图 6-51 所示。

图 6-49　图幅边框

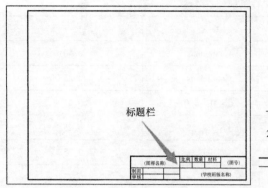

a) 标题栏位置

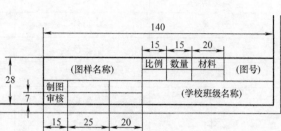

b) 标题栏样式及尺寸

图 6-50 创建标题栏

表 6-3 文字样式列表

文字样式名称	字体名	字体高度	用途
t3.5	gbenor. shx	3.5	尺寸标注、倒角标注
t5	gbenor. shx	5	技术要求、标注序号、标题栏
t7	gbenor. shx	7	标题栏图样名称

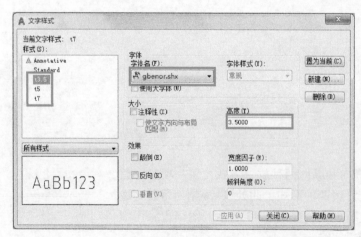

图 6-51 创建文字样式

（5）标注样式（GB/T 4458.4—2003、GB/T 16675.2—2012） 标注样式主要对尺寸文字、尺寸界线和尺寸线做统一调整，以适应对应图样的尺寸标注显示，创建表6-4所示的标注样式。

（6）保存为绘图模板 如图6-52所示，单击"保存"按钮→弹出"图形另存为"对话框→修改"文件类型（T）"为"AutoCAD 图形样板（*.dwt）"→输入文件名称"横A4留装订边"→单击"保存"按钮→弹出"样板选项"对话框→输入简要说明样板的信息→选择测量单位为公制→单击"确定"按钮，完成绘图模板的创建。

表6-4　标注样式参数

标注样式名称			ISO－3.5	ISO－5
修改标注样式项	"线"标签页	超出尺寸线	2mm	2mm
		起点偏移量	0.7mm	0.7mm
	"符号和箭头"标签页	箭头大小	3.5mm	5mm
	"文字"标签页	文字样式	t3.5	t5
		文字位置	垂直：上	垂直：上
			水平：居中	水平：居中
		从尺寸线偏移	0.7mm	0.7mm
		文字对齐	与尺寸线对齐	水平
	"主单位"标签页	精度	0.00	0.00
		小数分隔符	"."小点	"."小点

a) 选择文件类型"dwt"　　　　　　　　　　　　　b) 输入文件名称

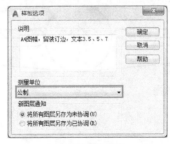

c) 样板选项说明

图6-52　保存绘图模板

2. 创建开口支架主视图和俯视图

1）创建绘图文件，选择已创建的"横A4留装订边"绘图模板，进入绘图区，如图6-53所示。

2）根据图样结构及其尺寸标注，首先创建开口支架俯视图，如图6-54所示。

3）结合三视图投影规律中的"长对正"的投影特性，根据第2）步中创建完成的开口支架俯视图创建开口支架主视图，主视图右侧采用半剖图样表达，如图6-55所示。

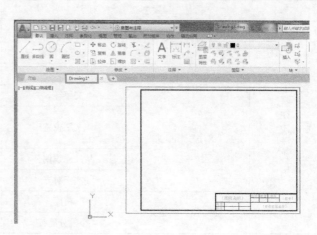

a) 选择绘图模板

b) 进入模板绘图区

图 6-53 从已创建绘图模板进入绘图区

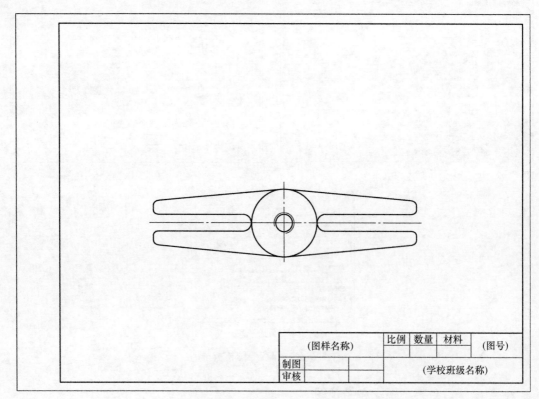

	比例	数量	材料	
(图样名称)				(图号)
制图			(学校班级名称)	
审核				

图 6-54 创建开口支架俯视图

3. 标注尺寸

创建常规尺寸标注创建尺寸前缀、尺寸后缀、尺寸公差、表面粗糙度、基准要素标识和几何公差，如图 6-56 所示。

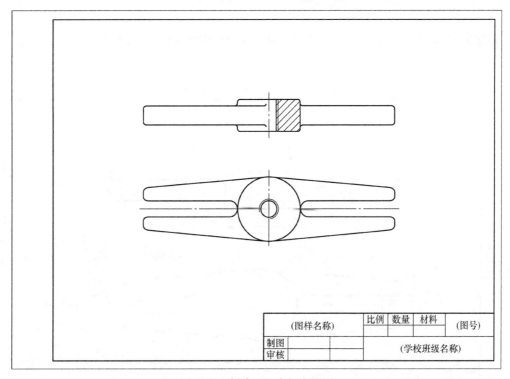

图 6-55 创建开口支架主视图

其中，表面粗糙度在"尺寸"图层进行创建，并应用"创建块"指令将其保存为块，方便今后直接应用"插入块"指令调用。

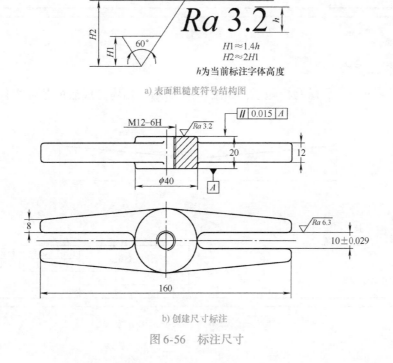

a) 表面粗糙度符号结构图

b) 创建尺寸标注

图 6-56 标注尺寸

4. 将零件图样移至图框中均匀分布

如图 6-57 所示，应用"移动"指令适当调整零件图样在图框内的分布位置，使其居中分布。

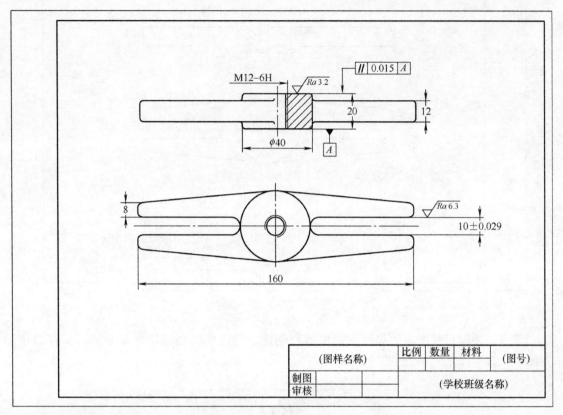

图 6-57　适当调整零件图样在图框内的分布位置

5. 创建技术要求

创建技术要求文本，填写标题栏，如图 6-58 所示。创建完成后的整幅零件图如图 6-47 所示。

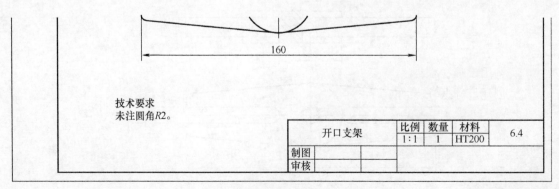

图 6-58　创建技术要求文本，填写标题栏

任务5　拉块零件图的创建

任务描述

图 6-59 所示为拉块零件图，由主视图和俯视图组成，图样中主视图的螺纹孔和俯视图的螺杆孔出现局部视图表达和虚线表达的隐藏轮廓线，其余为常规的尺寸标注、尺寸公差、表面粗糙度、几何公差、基准要素标识、技术要求，可直接调用横 A4 留装订边的绘图模板。

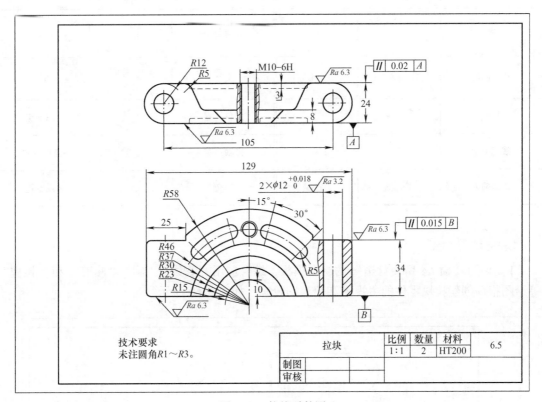

图 6-59　拉块零件图

思路引导

1. 调用模板，根据"长对正"的投影特性创建拉块零件主视图和俯视图轮廓。

2. 创建尺寸标注，创建尺寸前缀、尺寸后缀、尺寸公差、表面粗糙度、几何公差、基准要素标识和技术要求等。

3. 调整图样位置，填写标题栏，完成零件图的创建。

学习新指令

无。

工具箱

名　　称	图　标	备　　注	名　　称	图　标	备　　注
图层特性	图层特性	LA	特性		< Ctrl + 1 >键
直线	直线	L	插入块	插入	I
圆	圆	C	几何公差		TOL
样条曲线		SPL	文字	A 文字	T
填充		H	对象捕捉		< F3 >键
线宽显示		LWD	极轴追踪		< F10 >键
动态输入		DYNM	正交		< F8 >键

任务步骤

1）调用"横 A4 留装订边"的绘图模板，综合应用"直线""圆""修剪"和"镜像"等绘图指令创建拉块零件的主视图和俯视图轮廓，如图 6-60 所示。

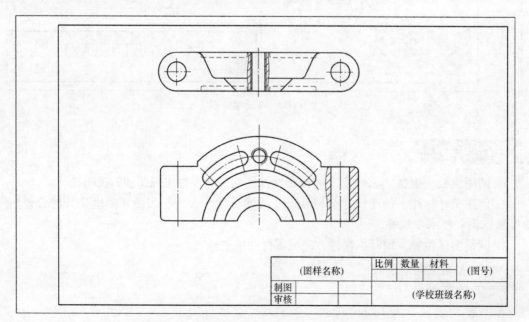

图 6-60　创建拉块零件的主视图和俯视图轮廓

2）标注尺寸、表面粗糙度、基准符号和几何公差，如图6-61所示。

3）调整图样至图框内，使其居中分布，如图6-62所示。

4）创建技术要求文本，填写标题栏，如图6-63所示。

5）完成拉块零件图的创建，如图6-59所示。

大展身手

根据如图6-64、图6-65所示零件图样的结构和尺寸，灵活创建绘图模板并创建零件图。

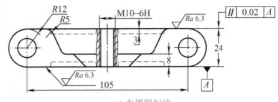

a) 主视图标注

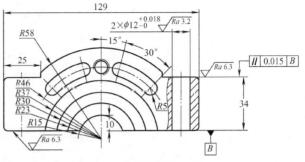

b) 俯视图标注

图6-61 零件图标注

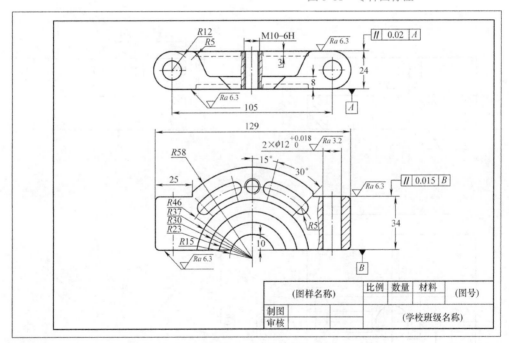

图6-62 调整图样至图框内，使其居中分布

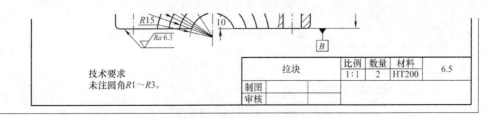

图6-63 创建技术要求文本，填写标题栏

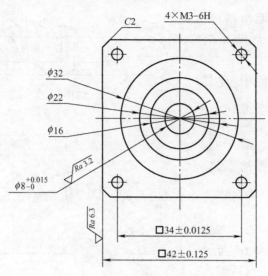

图 6-64　固定板零件图

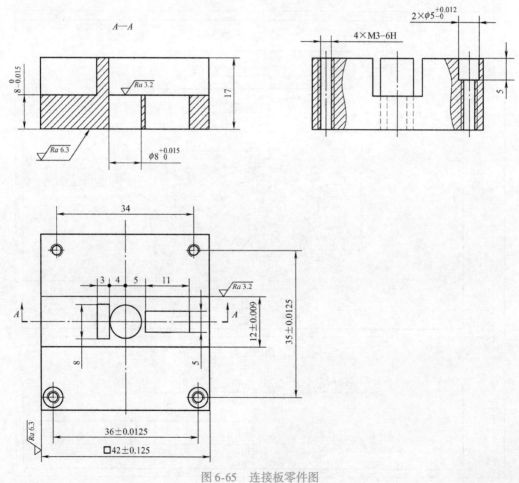

图 6-65　连接板零件图

任务 6　装配图的创建

　　装配图主要用于表示机器或某部件组成部分的连接和装配关系，是指导产品生产、改进、拆装和检验等操作的重要技术文件。

　　图 6-66 所示为某轴承拉拔器装配图，分别由项目 6 中的各个零件装配而成，采用主视

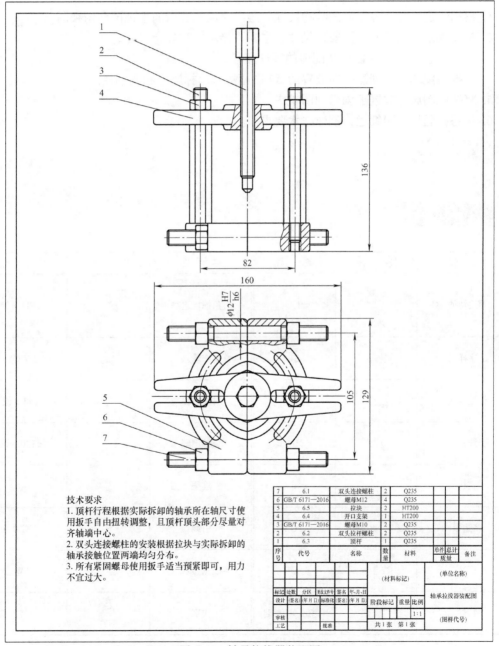

技术要求
1. 顶杆行程根据实际拆卸的轴承所在轴尺寸使用扳手自由扭转调整，且顶杆顶头部分尽量对齐轴端中心。
2. 双头连接螺柱的安装根据拉块与实际拆卸的轴承接触位置两端均匀分布。
3. 所有紧固螺母使用扳手适当预紧即可，用力不宜过大。

序号	代号	名称	数量	材料	单件质量	总计质量	备注
7	6.1	双头连接螺柱	2	Q235			
6	GB/T 6171—2016	螺母M12	4	Q235			
5	6.5	拉块	2	HT200			
4	6.4	开口支架	1	HT200			
3	GB/T 6171—2016	螺母M10	2	Q235			
2	6.2	双头拉杆螺柱	2	Q235			
1	6.3	顶杆	2	Q235			

图 6-66　轴承拉拔器装配图

图和俯视图表达, 尺寸标注只标注主要功能尺寸和总体安装后的尺寸, 另外增加了明细栏, 与标准标题栏配合使用, 同时应用引线工具创建装配体各个组成零件的序号, 此外双头连接螺柱与拉块的连接处增加了配合尺寸标注。

顶杆为自由行程杆件, 由拆卸的轴承所在的轴尺寸决定位置, 此处没有绘制出轴的零件图, 所以顶杆的实际位置在装配图中根据连接关系以及在图样中的分布确定即可, 在此对装配图的总体安装尺寸标注不考虑顶杆的实际高度。

思路引导

1. 根据组成装配体各零件的结构尺寸, 绘制完成组装后的主视图和俯视图。
2. 标注固定连接后的最大安装尺寸、主要连接尺寸和配合尺寸。
3. 应用"引线"指令创建装配体的零件序号。
4. 根据装配体尺寸创建竖向放置的 A2 图幅边框、标题栏和明细栏。
5. 将装配图居中放置于创建的图幅中。
6. 填写标题栏和明细栏, 创建技术要求。

学习新指令

堆叠。

工 具 箱

名　　称	图　标	备　注	名　　称	图　标	备　注
图层特征	图层特性	LA	对象捕捉追踪		< F11 > 键
文字样式	A	ST	动态输入	+	DYNM
标注样式		D	对象捕捉	+	< F3 > 键
引线样式		MLS	极轴追踪		< F10 > 键
直线	直线	L	堆叠	b/a	—
多边形	多边形	POL	引线		MLD
标注		D	线宽显示		LW
特性		< Ctrl + 1 > 键	文字	A 文字	T

任务步骤

1. 创建绘图模板

（1）图幅尺寸　A2 图幅竖向放置，长边为 420mm，宽边为 594mm，采用不留装订边的边框形式，边框至图幅边缘的距离值取 10mm，如图 6-67 所示。

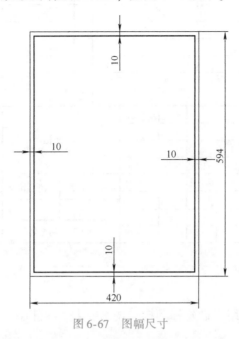

图 6-67　图幅尺寸

（2）标题栏　分布于图幅右下角，采用标准标题栏（GB/T 10609.1—2008），其结构与尺寸如图 6-68 所示。

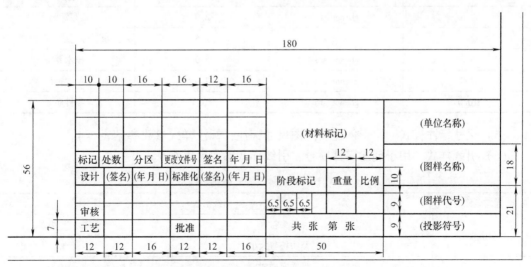

图 6-68　标题栏的结构与尺寸

（3）明细栏　分布于标题栏的正上方，明细栏的结构与尺寸如图 6-69 所示。

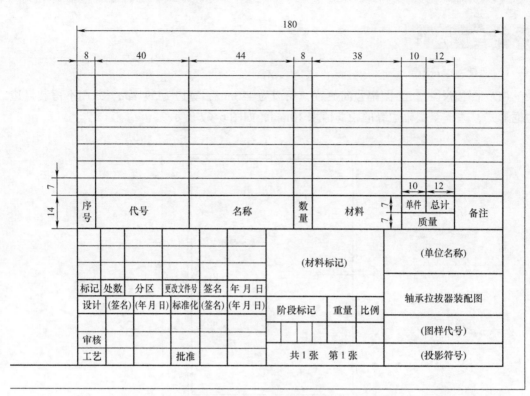

图6-69 明细栏的结构与尺寸

（4）文字样式 分别用于创建标题栏、技术要求、零件序号、尺寸标注和明细栏，文字样式列表见表6-5。

表6-5 文字样式列表

文字样式名称	字体名	字高	用途
t2.0	gbenor.shx	2.0	填写标题栏
t2.5	gbenor.shx	2.5	填写标题栏、明细栏
t5.0	gbenor.shx	5.0	技术要求
t7.0	gbenor.shx	7.0	尺寸标注
t10.0	gbenor.shx	10.0	零件序号

（5）尺寸标注样式 用于创建装配图尺寸标注，标注样式参数参见表6-4。

（6）引线样式 用于创建零件序号，引线样式参数见表6-6。

表6-6 引线样式参数

样式名称	引线7.0		
引线格式项	箭头符号		"."小点
	箭头符号大小		3.5
内容	文字样式		t10.0
	引线连接	水平连接	左	第一行加下划线

（7）图层 图层的创建参见表6-2。

2. 创建装配体的主视图和俯视图

依据项目6中各零件图的结构和尺寸，结合视图投影特性，创建完成组装连接后的装配体的主视图与俯视图，其中，M10和M12螺母为标准件，如图6-70所示。

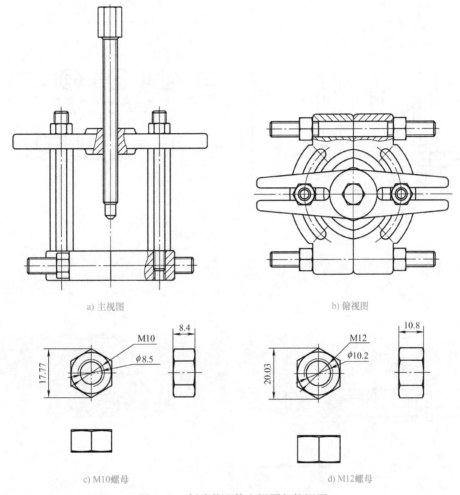

a) 主视图　　　　　　　　　　　　　　　b) 俯视图

c) M10螺母　　　　　　　　　　　　d) M12螺母

图6-70 创建装配体主视图与俯视图

3. 标注装配体尺寸

（1）标注基本尺寸 标注装配完成后的装配体的长、宽、高，如图6-71所示。

（2）标注轴孔配合公差尺寸 双击选中已标注的双头连接螺柱直径尺寸"12"→将光标移至"12"前→输入"%%C"→将光标移至"12"后→输入"H7/h6"→选中刚输入的"H7/h6"→单击"格式"工具栏中的"堆叠"按钮┠→完成轴孔配合公差尺寸的堆叠标注，如图6-72所示。

4. 创建零件序号

选择已创建的"引线7.0"多重引线样式，创建装配图中各零件序号，如图6-73所示。

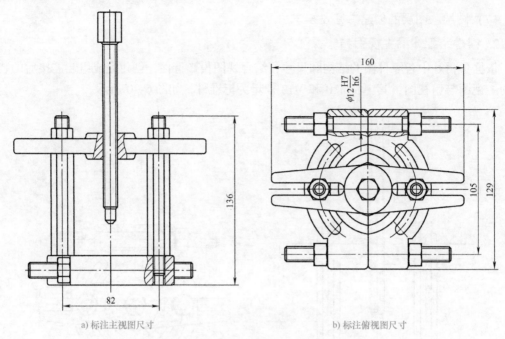

a) 标注主视图尺寸   b) 标注俯视图尺寸

图 6-71   标注总体尺寸

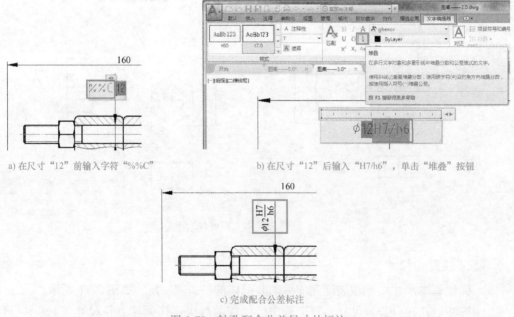

a) 在尺寸"12"前输入字符"%%C"   b) 在尺寸"12"后输入"H7/h6"，单击"堆叠"按钮

c) 完成配合公差标注

图 6-72   轴孔配合公差尺寸的标注

5. 布图

将装配图居中放置于已创建的图幅模板内。

6. 创建技术要求，填写标题栏和明细栏

如图 6-74 所示，创建技术要求，填写标题栏和明细栏，完成后的装配图如图 6-66 所示。

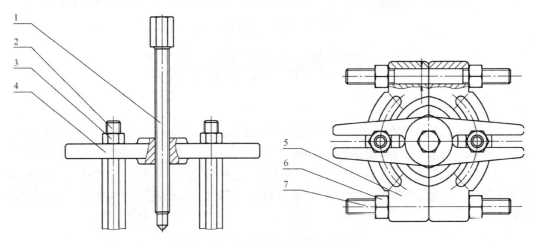

图 6-73 多重引线创建零件序号

技术要求
1. 顶杆行程根据实际拆卸的轴承所在轴尺寸使用扳手自由扭转调整，且顶杆顶头部分尽量对齐轴端中心。
2. 双头连接螺栓的安装根据拉块与实际拆卸的轴承接触位置两端均匀分布。
3. 所有紧固螺母使用扳手适当预紧即可，力不宜过大。

a) 技术要求

7	6.1	双头连接螺柱	2	Q235			
6	GB/T 6171—2016	螺母M12	4	Q235			
5	6.5	拉块	2	HT200			
4	6.4	开口支架	1	HT200			
3	GB/T 6171—2016	螺母M10	2	Q235			
2	6.2	双头拉杆螺柱	2	Q235			
1	6.3	顶杆	1	Q235			
序号	代号	名称	数量	材料	单件 质量	总计 质量	备注

标记 处数 分区 更改文件号 签名 年、月、日			(材料标记)		(单位名称)
设计 (签名)(年月日) 标准化 (签名)(年月日)					轴承拉拔器装配图
审核			阶段标记 重量 比例		
				1:1	(图样代号)
工艺	批准		共1张 第1张		

b) 填写标题栏和明细栏

图 6-74 技术要求、标题栏和明细栏

▨▨ 大展身手

结合任务 1～任务 5 中的零件图以及任务 6 中的螺母尺寸结构图样，尝试创建轴承拉拔器的装配图，并创建图幅、标题栏和明细栏，最终将完成的装配图均匀布置在图框中。

项目7

三维模型的创建

AutoCAD 2019 软件除了能完成二维平面图形的创建，还可以在二维平面图形的基础上创建三维模型。创建三维模型主要通过基本几何体以及"拉伸""旋转""扫掠""放样""布尔运算""倒角边""圆角边""三维镜像""三维阵列""抽壳""UCS""模型移动""模型旋转""模型缩放""材质创建""材质赋予"和"渲染输出"等各项指令的灵活应用实现。

任务1　三维建模基础应用

任务描述

图 7-1 所示为基本几何体模型，根据标注的基本尺寸，应用三维建模工具创建三维模型。

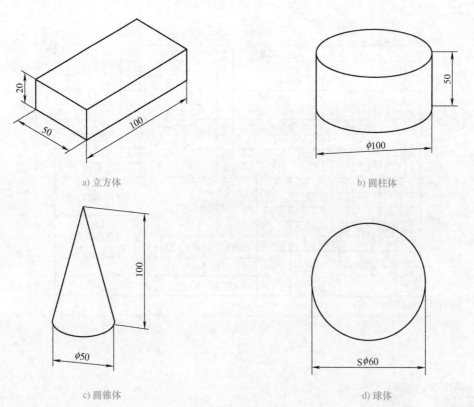

a) 立方体　　　　　　　　　　　　　b) 圆柱体

c) 圆锥体　　　　　　　　　　　　　d) 球体

图 7-1　基本几何体模型

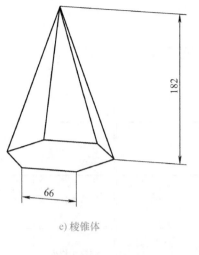

e) 棱锥体

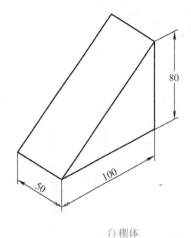

f) 楔体

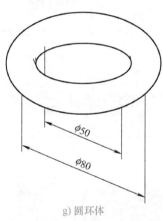

g) 圆环体

图 7-1 基本几何体模型（续）

思路引导

1. 调整绘图的视口类型为多个，调节各视口的视图方向，使绘图视口成为主视、俯视、左视和轴测四个视口模式。

2. 结合三视图的投影特性，根据图形几何尺寸选择基本图形视口创建二维草图或直接应用基本几何体模型创建三维模型。

3. 对视口图样的观察和显示进行灵活调整。

4. 编辑材质，渲染模型。

学习新指令

工作空间切换；视口类型；视图控件；视觉样式控件；创建基本几何体；视口观察与显示；移动小控件；旋转小控件；缩放小控件；材质编辑器；材质浏览器；渲染输出。

工具箱

名　称	图　标	名　称	图　标	名　称	图　标
工作空间切换		圆柱体		圆环体	
视口类型		圆锥体		移动小控件	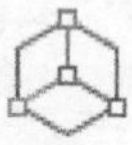
视图控件	［俯视］	球体		旋转小控件	
视觉样式控件	［二维线框］	棱锥体		缩放小控件	
长方体		楔体		材质编辑器	
材质浏览器		渲染设置		渲染	

任务步骤

1. 工作空间切换

AutoCAD 2019 软件启动后通常进入的是二维绘图界面，若要创建三维模型，则需要对绘图工作空间进行切换。

将指针移至状态栏中"工作空间"控制按钮 ✿ 上并单击→在下拉列表中勾选"三维建模"命令→工作空间切换至"三维建模"模式，如图 7-2 所示。

2. 调整视口类型

单击"常用"菜单→单击"视图"工具栏中"视口类型"按钮 ▣· →在下拉列表中单击"多个视口"按钮→绘图区视口变成四个，如图 7-3 所示。

3. 视角立方体坐标选择

将指针移至视角立方体下方的倒三角上并单击→在下拉列表中勾选"WCS"命令，即世界坐标系（绝对坐标系），如图 7-4 所示。

4. 视图控件编辑应用

将指针移至左上角视口内空白区并单击→该视口左上角出现视图控件→将指针移至"［俯视］"字样并单击→在下拉列表中选择"前视"命令→左下角视口默认为"俯视"，修改右上角视口为"左视"→将指针移至右下角视口空白区域内并单击→修改视图方向为"东北等轴测"→完成视图控件调整，如图 7-5 所示。

a) 勾选"三维建模"命令

b) 工作空间切换至"三维建模"模式

图 7-2 工作空间切换

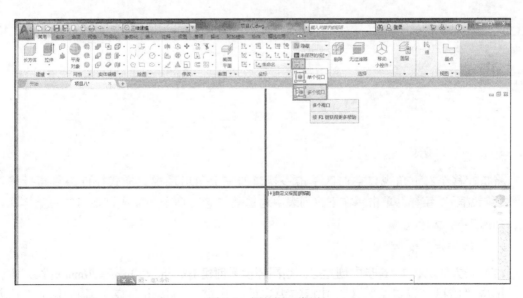

图 7-3 调整视口类型

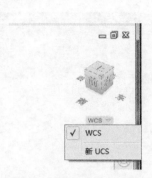

图 7-4　视角立方体坐标选择

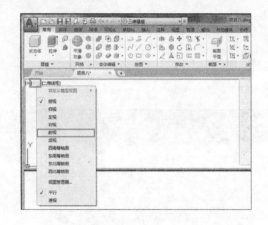

a) 修改左上角视口为"前视"

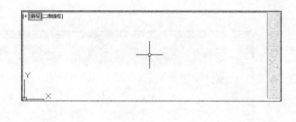

b) 左下角视口默认为"俯视"

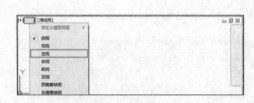

c) 修改右上角视口为"左视"

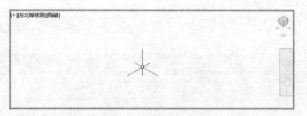

d) 修改右下角视口为"东北等轴测"

图 7-5　应用视图控件调整视口

5. 视觉样式控件编辑应用

将指针移至右下角视口空白区单击→视口的左上角出现视觉样式控件→将指针移至
"［二维线框］"字样并单击→在下拉列表中勾选"概念"命令→完成该视口的视觉样式调整，如图 7-6 所示。

6. 创建基本几何体

（1）长方体　在 1～5 步中创建好的绘图环境下创建 100mm ×50mm ×20mm 的长方体。

单击"俯视"视口绘图区将其指定为当前工作窗口→单击建模工具栏中的"长方体"按钮→将指针移至"俯视"视口绘图区单击并拖动鼠标指针→输入长度值"100"→

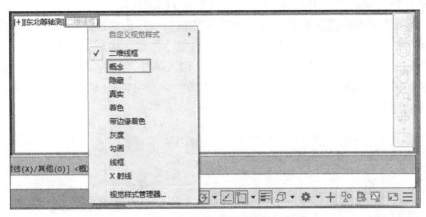

图7-6　应用视觉样式控件调整视觉样式

按<Tab>键切换至宽度值输入栏→输入宽度值"50"→按<Enter>键→输入高度值"20"→按<Enter>键→完成100mm×50mm×20mm的长方体的创建，在"东北等轴测"视口观察模型，如图7-7所示。

a) 单击"俯视"视口

b) 单击"长方体"按钮

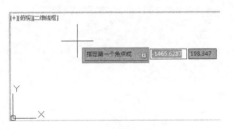

c) 单击起点

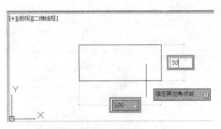

d) 输入长度值"100"和宽度值"50"

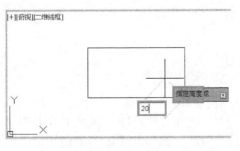

e) 输入高度值"20"，按<Enter>键

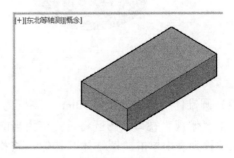

f) 完成长方体的创建

图7-7　创建长方体

（2）圆柱体　创建直径为100mm，高度为50mm的圆柱体。

单击"俯视"视口绘图区将其指定为当前工作窗口→单击建模工具栏中的"长方体"按钮下方的倒三角→在下拉列表中单击"圆柱体"按钮→将指针移至"俯视"视口绘图区内单击，指定底面圆心→拖动鼠标指针移动适当距离，输入圆柱半径值"50"→按＜Enter＞键→拖动鼠标指针移动适当距离，输入圆柱高度值"50"→按＜Enter＞键，完成圆柱体的创建，在"东北等轴测"视口观察模型，如图7-8所示。

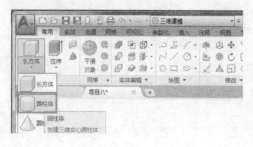

a) 单击"圆柱体"按钮

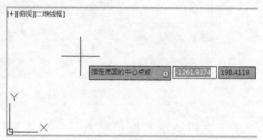

b) 指定底面圆心

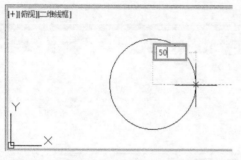

c) 输入圆柱半径值"50"，按<Enter>键

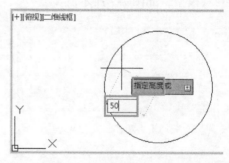

d) 输入圆柱高度值"50"，按<Enter>键

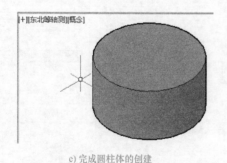

e) 完成圆柱体的创建

图7-8　创建圆柱体

（3）圆锥体　创建直径为50mm，高度为100mm的圆锥体。

单击"俯视"视口绘图区将其指定为当前工作窗口→单击"长方体"按钮下方的倒三角→在下拉列表中单击"圆锥体"按钮→将指针移至"俯视"视口绘图区内单击指定圆锥底面圆心→拖动鼠标指针移动适当距离，输入圆锥半径值"25"→按＜Enter＞键→拖动鼠标指针移动适当距离，输入圆锥高度值"100"→按＜Enter＞键→完成圆锥体的创建，在"东北等轴测"视口观察模型，如图7-9所示。

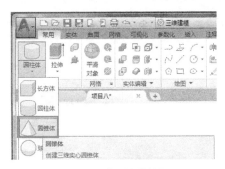

a) 单击"圆锥体"按钮

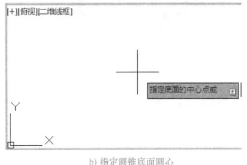

b) 指定圆锥底面圆心

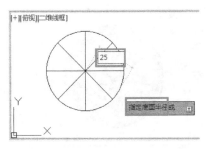

c) 输入圆锥半径值"25"，按<Enter>键

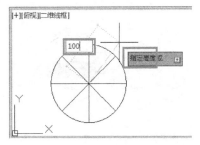

d) 输入圆锥高度值"100"，按<Enter>键

e) 完成圆锥体的创建

图7-9 创建圆锥体

（4）球体 创建直径为60mm的球体。

单击"左视"视口绘图区将其指定为当前工作窗口→单击"长方体"按钮下方的倒三角→在下拉列表中单击"球体"按钮→将指针移至"左视"视口绘图区内单击，指定球体中心→拖动鼠标指针移动适当距离，输入球体半径值"30"→按＜Enter＞键→完成球体的创建，在"东北等轴测"视口观察模型，如图7-10所示。

（5）棱锥体 应用三种方法分别创建六棱锥体、五棱锥体和三棱锥体。

1）创建六棱锥体，底边长为66mm，高度为182mm。

单击"俯视"视口绘图区将其指定为当前工作窗口→单击"长方体"按钮下方倒三角→在下拉列表中单击"棱锥体"按钮→将指针移至"俯视"视口绘图区→命令行提示"PYRA-MID指定底面的中心点或［边（E）侧面（S）]:"，输入字母"s"→按＜Enter＞键→输入侧面数＜4＞输入边数"6"→按＜Enter＞键→输入字母"e"→按＜Enter＞键→在绘图区内单击，确定第一个端点→沿水平方向拖动鼠标指针移动适当距离，输入边长值"66"→按＜Enter＞键→输入高度值"182"→按＜Enter＞键→完成六棱锥体的创建，如图7-11所示。

a) 单击"球体"按钮

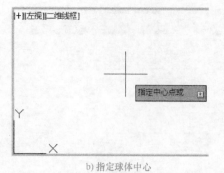

b) 指定球体中心

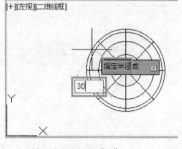

c) 输入球体半径值"30"，按<Enter>键

d) 完成球体的创建

图 7-10　创建球体

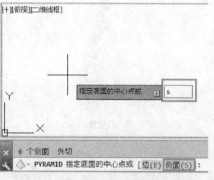

a) 单击"棱锥体"按钮

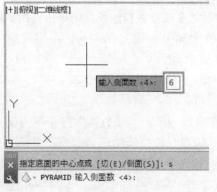

b) 输入字母"s"，按<Enter>键

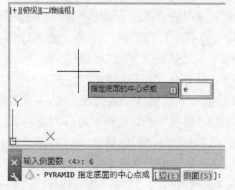

c) 输入侧面数"6"，按<Enter>键

d) 输入字母"e"，按<Enter>键

图 7-11　应用边长创建六棱锥体

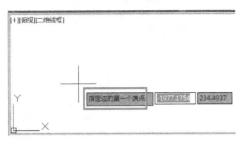

e) 指定第一个端点

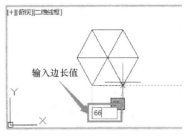

f) 输入边长值 "66", 按<Enter>键

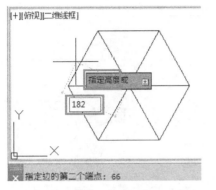

g) 输入高度值 "182", 按<Enter>键

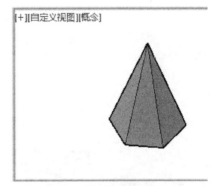

h) 完成六棱锥体的创建

图 7-11 应用边长创建六棱锥体（续）

2) 创建五棱锥体, 底面正五边形的外接圆直径为 76mm, 高度为 56mm。

单击 "俯视" 视口绘图区将其指定为当前工作窗口→单击 "长方体" 按钮下方倒三角→在下拉列表中单击 "棱锥体" 按钮→将指针移至 "俯视" 视口绘图区→命令行提示 "PYR-AMID 指定底面的中心点或 [边（E）侧面（S）]:" →输入字母 "s" →按 <Enter> 键→指针右下角或命令行提示 "输入侧面数 <4 >:" →输入边数 "5" →按 <Enter> 键→将指针在绘图区内单击, 确定底面中心点→拖动鼠标指针移动适当距离, 界面内出现正五边形→命令行提示 "PYRAMID 指定底面半径或 [内接（I）]" →输入字母 "i" →按 <Enter> 键→输入正五边形的外接圆半径值 "38" →按 <Enter> 键→输入高度值 "56" →按 <Enter> 键→完成五棱锥体的创建, 如图 7-12 所示。

a) 单击 "棱锥体" 按钮

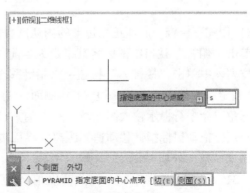

b) 输入字母 "s", 按<Enter>键

图 7-12 应用内接形式创建五棱锥体

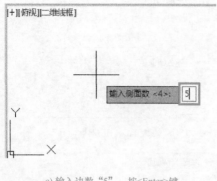

c) 输入边数 "5" , 按<Enter>键

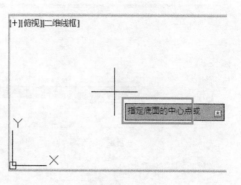

d) 指定底面中心点

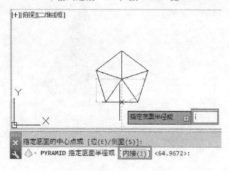

e) 输入字母 "i" , 按<Enter>键

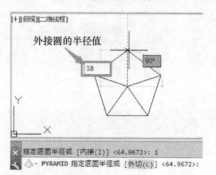

f) 输入外接圆半径值 "38" , 按<Enter>键

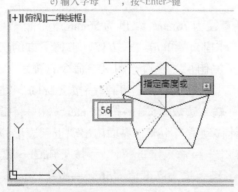

g) 输入高度值 "56" , 按<Enter>键

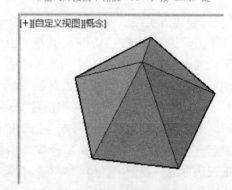

h) 完成五棱锥体的创建

图 7-12 应用内接形式创建五棱锥体（续）

3）创建三棱锥，底面正三边形的内切圆直径为 62mm，高度为 40mm。

单击 "俯视" 视口绘图区将其指定为当前工作窗口→单击 "长方体" 按钮下方倒三角→在下拉列表中单击 "棱锥体" 按钮→将指针移至 "俯视" 视口绘图区→命令行提示 "PYR-AMID 指定底面的中心点或 [边（E）侧面（S）]："→输入字母 "s"→按 < Enter > 键→指针右下角或命令行提示输入侧面数 "3"→按 < Enter > 键→将指针在绘图区内单击，确定底面中心点→拖动鼠标指针移动适当距离，界面内出现正三边形→命令行提示 "PYRAMID 指定底面半径或 [外切（C）]"→输入字母 "c"→按 < Enter > 键→输入正三边形的内切圆半径值 "31"→按 < Enter > 键→输入高度值 "40"→按 < Enter > 键→完成三棱锥体的创建，如图 7-13 所示。

a) 单击"棱锥体"按钮

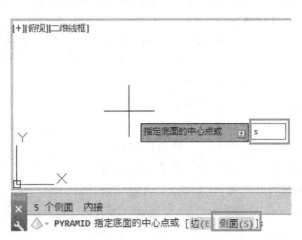

b) 输入字母"s",按<Enter>键

c) 输入侧面数"3",按<Enter>键

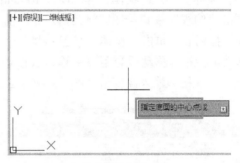

d) 指定底面中心点

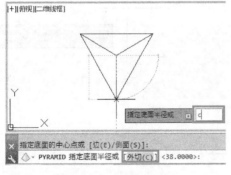

e) 输入字母"c",按<Enter>键

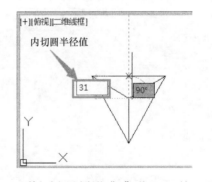

f) 输入内切圆半径值"31",按<Enter>键

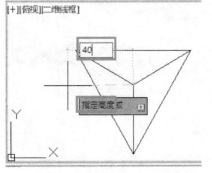

g) 输入高度值"40",按<Enter>键

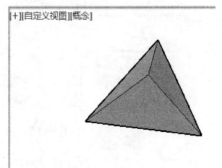

h) 完成三棱锥体的创建

图7-13 应用外切形式创建三棱锥体

<记要>:

2) 和3) 中创建多边形过程中出现的 [内接 (I)] 和 [外切 (C)]，描述的主体对象元素是多边形，"内接"即所创建的多边形在圆内，多边形的各顶点均匀分布在该圆的圆周线上。"外切"即所创建的多边形在圆外，多边形的各边与该圆的圆周线相切。多边形"内接"与"外切"形式如图7-14所示。

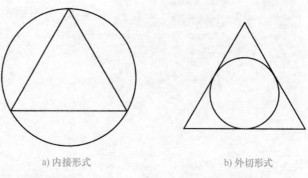

a) 内接形式   b) 外切形式

图7-14　多边形"内接"与"外切"形式

（6）楔体　创建一楔体，其底面长100mm，宽50mm，楔体高度为80mm。

单击"俯视"视口绘图区将其指定为当前工作窗口→单击"长方体"按钮下方的倒三角→在下拉列表中单击"楔体"按钮→将指针移至"俯视"视口绘图区单击确定第一个角点→拖动鼠标指针移动适当距离→输入长度值"100"→按<Tab>键→输入宽度值"50"→按<Enter>键→输入高度值"80"→按<Enter>键→完成楔体的创建，如图7-15所示。

a) 单击"楔体"按钮

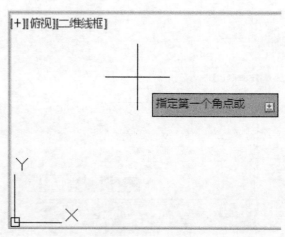

b) 确定第一个角点

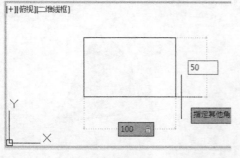

c) 输入长度值"100"和宽度值"50"，按<Enter>键

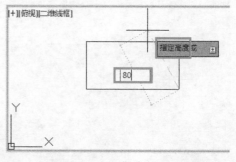

d) 输入高度值"80"，按<Enter>键

图7-15　创建楔体

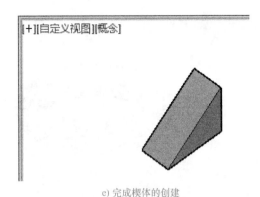

e) 完成楔体的创建

图 7-15 创建楔体 (续)

(7) 圆环体 创建内径为 50mm，外径为 80mm 的圆环体。

单击"俯视"视口绘图区将其指定为当前工作窗口→单击"长方体"按钮下方的倒三角→在下拉列表中单击"圆环体"按钮→将指针移至"俯视"视口绘图区单击确定圆环中心→拖动鼠标指针移动适当距离→输入圆环中心圆半径值"32.5"→按 <Enter> 键→输入管半径值"7.5"→按 <Enter> 键→完成圆环体的创建，如图 7-16 所示。

a) 单击"圆环体"按钮

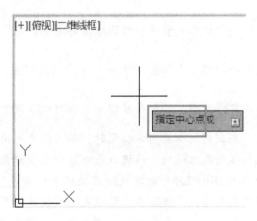

b) 指定圆环中心

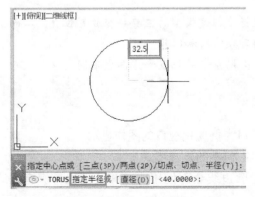

c) 输入圆环中心圆半径值"32.5"，按<Enter>键

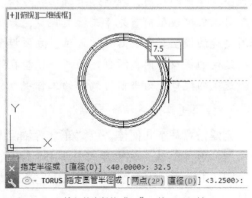

d) 输入管半径值"7.5"，按<Enter>键

图 7-16 创建圆环体

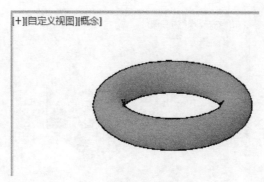

[+][自定义视图][概念]

e) 完成圆环体的创建

图 7-16　创建圆环体（续）

<记要>：

圆环体的中心圆是圆环体的外径圆和内径圆之间的中间圆，其中心圆直径 = 内径值 + $\frac{1}{2}$（外径值 – 内径值），所以，以外径值为 80mm、内径为 50mm 的圆环体为例，该圆环体的中心圆直径值 = 50mm + $\frac{1}{2}$ ×（80 – 50）mm = 65mm，因此中心圆半径值为 32.5mm。

圆环体中的管半径即圆环体部分的半径，圆环体的管直径值 = $\frac{1}{2}$（外径值 – 内径值），则管半径值 = $\frac{1}{2}$管直径值 = $\frac{1}{4}$（外径值 – 内径值），所以，以外径值为 80mm、内径为 50mm 的圆环体为例，其管半径值 = $\frac{1}{4}$ ×（80 – 50）mm = 7.5mm。

在创建基本几何体模型时，单击基本几何体指令按钮前，每次都要先单击选定创建基本几何体的基准视口，该视口是以笛卡儿坐标系（即世界坐标系，也称为绝对坐标系，是 AutoCAD 2019 程序中的默认绘图坐标系）为基准建立的"主视""左视"和"轴测"视口类型，也是遵循三视图投影特性表达所创建模型的视口，比较容易理解，在刚接触学习三维建模部分时可以此为基础，逐步加强空间思维能力，在此基础上进一步学习 UCS 相对坐标系在模型创建中的应用，理解起来就比较轻松。

每次创建模型前首先单击选定视口，是确定将要创建模型的主要特征放置位置，从而保证所创建的模型具有较好视觉方位，方便模型的后期修改和编辑。

选定的视口不同，所创建的同一模型在绝对坐标系中的位置和方向也不同。

选定的视口即为当前可编辑的工作视口。

7. 视口图样的观察与显示

创建任意基本几何体，以"东北等轴测"视口为例变化视口的图样显示。

（1）视觉样式　视觉样式主要用于控制视口中模型的外观形式。

图 7-17a 所示为二维线框样式，它将模型轮廓边线全部使用线条相连形成，所有边线可见。

图 7-17b 所示为概念样式，它将模型全部表面自动填充灰色。

如图7-17c所示为隐藏样式，它将当前视口所能看到的模型轮廓边线使用线条绘出，并隐藏被遮挡的线条。

图7-17d所示为真实样式，它是在当前环境灯光下，表达当前模型的颜色、明暗等特征属性，包括模型添加的各种类型材质。

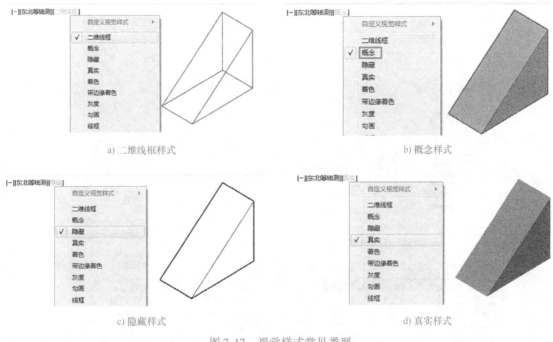

a) 二维线框样式　　　　　　　　　　　b) 概念样式

c) 隐藏样式　　　　　　　　　　　d) 真实样式

图7-17　视觉样式常见类型

（2）视图方向　视图方向主要用于控制模型在窗口中的观察与显示方位，方便对二维、三维图形的观察，系统中默认提供的视图类型有俯视、仰视、左视、右视、前视、后视、西南等轴测、东南等轴测、东北等轴测和西北等轴测10种，系统也提供了新建视图的功能，用户可以根据需要创建新的视图方向。常用视图方向如图7-18所示。

（3）视口移动与放缩　选中任一视口按压鼠标中键（即滚轮）不放并移动鼠标，该视口的图样随鼠标移动，且指针呈手掌状 ；指针在该视口内，滚动鼠标中键，该视口区域整体跟随滚轮缩小或放大，滚轮向前滚动，相当于视觉镜头向前推进，滚轮往后，相当于视觉镜头向后拉远，如图7-19所示。

（4）视口旋转　选定轴测视口→勾选视口右侧导航栏中的"动态观察"命令→将指针移至已选定的视口绘图区内→指针呈空间旋转符号→长按鼠标左键并移动鼠标→视口内空间区域发生旋转，直至释放鼠标左键后停止，如图7-20所示。

＜记要＞：

视口旋转功能是让整个视口空间旋转，空间内所有图样跟随同步旋转，但位置不发生改变，只是视觉方向发生改变。

该项操作在实际应用过程中，可应用快捷组合键＜Shift+鼠标中键＞实现，可以更方便模型的动态观察。

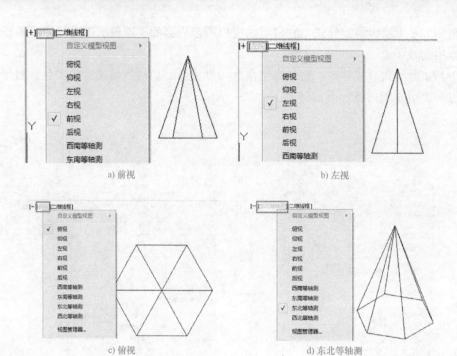

a) 前视

b) 左视

c) 俯视

d) 东北等轴测

图7-18　常用视图方向

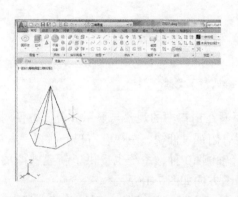

a) 未按压滚轮

b) 按压滚轮并移动鼠标，界面移动

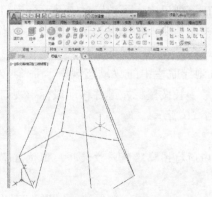

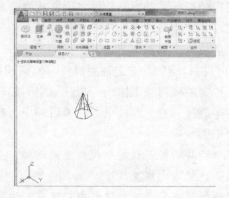

c) 滚轮向前滚动，界面视口放大

d) 滚轮向后滚动，界面视口缩小

图7-19　视口移动与缩放

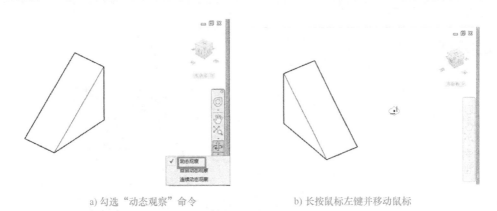

a) 勾选"动态观察"命令   b) 长按鼠标左键并移动鼠标

图 7-20   视口旋转

8. 视口内模型的移动、旋转和缩放

视口内模型的移动、旋转和缩放，即被选中的模型可以进行位置、大小的改变，而未选中的模型不发生变化，工作空间固定，也不会发生变化，该项操作主要针对独立的模型个体进行编辑。

（1）模型移动　在"常用"菜单内单击"选择"工具栏中"移动小控件"右侧的倒三角→在下拉列表中单击"移动小控件"按钮→将指针移至"轴测"视口中单击选中模型→模型几何中心处出现空间相对坐标系→单击任一坐标轴→沿坐标轴拖动鼠标指针移动适当距离，单击可确定移动后的位置或输入移动距离值并按 <Enter> 键确定最终位置，如图 7-21 所示。

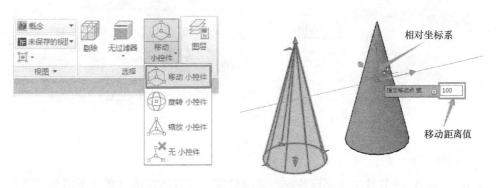

a) 单击"移动小控件"按钮   b) 单击坐标轴并拖动鼠标指针移动或输入移动距离值

图 7-21   应用"移动小控件"移动模型

（2）模型旋转　在"常用"菜单内单击"选择"工具栏中的"旋转小控件"按钮下侧的倒三角→在下拉列表中单击"旋转小控件"按钮→将指针移至"轴测"视口中单击选中模型→模型周围出现红、绿和蓝三种颜色的圆周线→将指针移至任一圆周线上单击选中→拖动鼠标指针→模型发生旋转，可单击确定旋转后的位置或输入角度值并按 <Enter> 键实现角度控制旋转，如图 7-22 所示。

<记要>：

三个方向上的旋转分别是围绕以模型几何中心为原点、系统自动生成的相对坐标轴进行

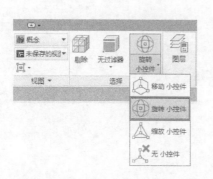
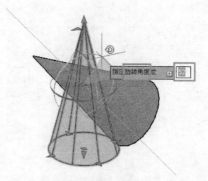

a) 单击"旋转小控件"按钮　　　　　　b) 单击旋转圆周线拖动鼠标或输入角度值

图 7-22　应用"旋转小控件"旋转模型

的，该相对坐标轴系与绝对坐标轴系平行。

（3）模型缩放　在"常用"菜单内单击"选择"工具栏中的"移动小控件"按钮下侧的倒三角→在下拉列表中单击"缩放小控件"按钮→将指针移至"轴测"视口中单击选中模型→模型几何中心处出现缩放比例轴线→将指针移至任一轴线或连轴线上单击→拖动鼠标指针→模型大小发生改变，可单击确定缩放后的大小或输入缩放比例因子并按 < Enter > 键实现参数控制的等比例缩小或放大，如图 7-23 所示。

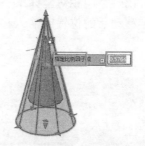

a) 单击"缩放小控件"按钮　　　　　　b) 单击坐标轴线拖动鼠标或输入缩放比例因子

图 7-23　应用"缩放小控件"缩放模型

9. 材质应用

在 AutoCAD 2019 软件中可创建各种类型的材质，并将创建的材质赋予已创建的任一模型，通常在工作视口中调整视觉样式为"真实"即可看到添加材质后的模型样式，也可通过后期的渲染，使模型达到预期的视觉效果，从而增强模型的表达效果。

（1）材质编辑器　"材质编辑器"按钮在"视图"菜单的"选项板"工具栏中，主要用于自定义创建材质。

单击"材质编辑器"按钮 ◈ →弹出"材质编辑器"对话框→单击展开"创建或复制材质"子菜单→在下拉列表中选择"新建常规材质"命令→在材质预览窗口右下角编辑"场景"模式→编辑材质名称为"红色 1"→在"常规"项中单击"颜色"编辑条→弹出"选择颜色"对话框→选择"红色"→单击"确定"按钮，返回"材质编辑器"对话框→单击关闭按钮退出"材质编辑器"对话框，如图 7-24 所示。

a) 单击"材质编辑器"按钮

b) 选择"新建常规材质"命令

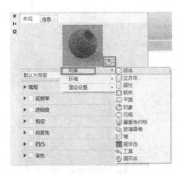

c) 修改"场景"模式

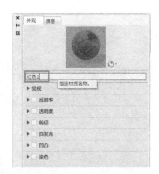

d) 编辑材质名称

e) 单击"颜色"编辑条

f) 选择并调制颜色

图 7-24 材质编辑器

（2）材质浏览器 "材质浏览器"按钮在"视图"菜单的"选项板"工具栏中，主要作为系统材质和自定义创建材质的材质库，可以从该处选择需要的材质添加给指定的模型。

创建任一模型，修改"东北等轴测"视口的"视觉样式"为"真实"→单击"材质浏览器"按钮→弹出"材质浏览器"对话框，如图7-25所示。

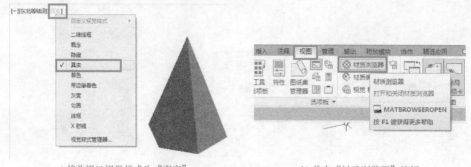

a) 修改视口视觉样式为"真实"　　　　　　　　　　b) 单击"材质浏览器"按钮

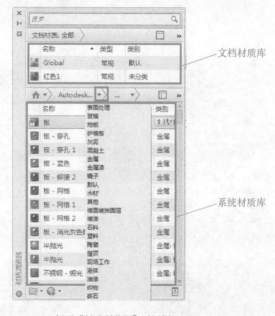

c) 打开"材质浏览器"对话框

图7-25　材质浏览器

（3）材质选用　在"材质浏览器"对话框中将已有材质添加给选定的模型，此处介绍两种操作方法。

方法一：拖选法。将指针移至任一材质上方→长按鼠标左键并拖动鼠标指针至"东北等轴测"视口中已创建的模型上→松开鼠标左键→模型材质添加完成，如图7-26所示。

方法二：右键选项法。在"东北等轴测"视口内选中已创建的模型→将指针移至"材质浏览器"对话框中任一材质上方右击→在下拉列表中选择"指定给当前选择"命令→模型材质添加完成，如图7-27所示。

（4）材质编辑的高级应用　不同的应用场景会出现不同的材质要求，而系统材质库的材质是有限的。因此，为了能够满足不同模型对材质的需求，AutoCAD的材质编辑器提供了材质创建功能。在材质编辑器中，用户可结合实际的视觉需要灵活地调整材质的颜色、图

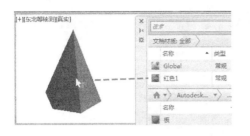

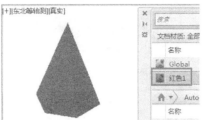

a) 长按"红色1"材质并拖至模型上，松开鼠标左键   b) 完成模型材质的添加

图 7-26 拖选法添加材质

a) 选中模型   b) 右击材质名称，选择"指定给当前选择"命令

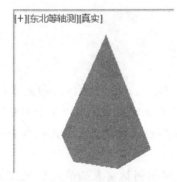

c) 完成模型材质的添加

图 7-27 右键选项法添加材质

案、明暗、光泽度、反射率和透明度等各类效果，以产生新的材质。

此外，对已经存在的材质可以进行编辑更改，以达到最终的视觉效果。

1）创建新材质。单击"材质编辑器"按钮 ⊗ →弹出"材质编辑器"对话框→单击展开"创建或复制材质"子菜单→在下拉列表中选择"新建常规材质"命令→修改材质名称→单击"图像"右侧列表框→弹出"材质编辑器打开文件"对话框，选择图片素材→分别调节"图像褪色""光泽度"和"高光"→按需勾选"反射率""透明度""剪切""自发光""凹凸"和"染色"各命令并编辑相应参数→完成新材质的创建，如图 7-28 所示。

a) 单击"图像"列表框

b) 弹出"材质编辑器打开文件"对话框

c) 调整"图像褪色""光泽度"和"高光"

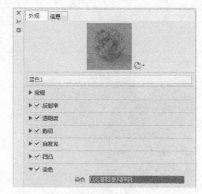

d) 按需勾选各命令

图7-28　创建新材质

<记要>：

① 图像褪色：控制图片的明暗程度。

② 光泽度：控制金属材质表面的高光程度。

③ 高光：设置高光类型，主要有金属和非金属两种。高光，即物体反射光源较为显著的部分，通俗地讲，就是光源照射到金属或非金属物体表面时发生反射，反射部分的光线进入到观察者眼睛的光线效果就是高光，也可以理解为物体表面的亮点。高光通常会随着光源的强弱和位置，以及观察者的位置改变而发生变化。

④ 反射率：有"直接"和"倾斜"两个选项，主要控制材质表面的反射光线数量，常用于表面具有镜面反射效果的材质。

⑤ 透明度：控制材质的透明程度，常用于具有玻璃透光性质的材质。其中的"图像"用于添加材质的纹理图案；"半透明度"用于控制纹理的透明程度；"折射"用于控制折射介质的类别和折射率。

⑥ 剪切：用于控制添加的材质纹理大小、亮度和重复类型。

⑦ 自发光：用于控制材质发光的颜色、亮度、色温类别及色温值。

⑧ 凹凸：用于控制材质纹理的图案以及图案的凹凸程度，主要用于调节材质表面纹理的粗糙度，增强立体感。

⑨ 染色：用于控制材质的外观颜色。

对于以上各项设置，用户可根据具体的材质需求勾选编辑使用。

2）已有材质编辑。

① 文档材质库。打开"材质浏览器"→将指针移至"文档材质库"中任一材质上方右击→在弹出的下拉列表中选择"编辑"命令，或双击该材质，或单击右侧的材质编辑按钮 ✐ →弹出"材质编辑器"对话框→按前文步骤修改该材质特性，如图7-29所示。

a) 选择"编辑"命令

b) 单击右侧"材质编辑器"按钮

图7-29　文档材质库材质编辑

② Autodesk 库（系统材质库）。打开"材质浏览器"→将指针移至"Autodesk 库"中任一材质上方右击→在弹出的下拉列表中单击"添加到"子菜单→选择"文档材质"命令，或单击该材质右侧的"将材质添加到文档中"按钮 ⬆，此时可从"文档材质库"中编辑该材质特性，也可以单击该材质右侧的"将材质添加到文档中"按钮 ⬆，并在材质编辑器中打开，直接进入该材质的编辑器中更改材质属性，如图7-30所示。

10. 渲染输出

创建的模型添加材质后，可执行渲染输出，将创建的数字模型转换成清晰、直观且具有立体和色泽感的图片。

"高级渲染设置"按钮 ⬚ 在"视图"菜单的"选项板"工具栏中"材质浏览器"按钮的右侧，主要用于设置渲染的范围、输出图形大小等基本特征。

单击"高级渲染设置"按钮 ⬚ →弹出"渲染预设管理器"对话框→"渲染位置"设置为"窗口"→"渲染大小"设置为"1280×1024px – SXGA"→"当前预设"设置为"中"→"光源和材质"中的"渲染精确性"设置为"草稿"→单击"东北等轴测"视口作为被渲染范围→单击"渲染"按钮 ⬚ →弹出渲染界面→单击保存按钮→弹出"渲染输出文件"对话框→选择保存位置→修改"文件名（N）"→选择"文件类型（T）"→单击"保存（S）"按钮→完成模型渲染输出，如图7-31所示。

＜记要＞：

在"渲染精确性"中，"低"适用于外观及场景的快速预览渲染；"草稿"适用于常规快速预览渲染；"高"适用于最终的高质量渲染输出，此项渲染时间较长。

渲染输出文件的"文件类型"中常用"＊bmp"" ＊jpg"和"＊png"三种，任选其一即可，"＊bmp"类图像应用广泛，但文件占用空间较大；"＊jpg"类图像应用空

a) 打开"材质浏览器"

b) 将系统材质库材质添加到文档材质库

c) 将材质添加到文档材质库并在材质编辑器中打开

d) 打开"材质编辑器"进行编辑

图 7-30　系统材质库材质编辑

间小，但图像质量有损失；"＊png"类图像为无损压缩的图像，图像质量较高，占用空间较小。

a) 单击"高级渲染设置"按钮

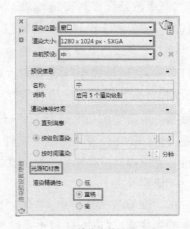

b) 渲染参数设置

图 7-31　渲染输出

开始渲染按钮

c) 单击"渲染"按钮

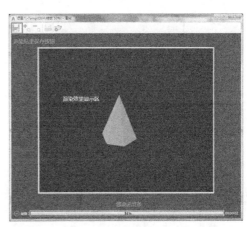

d) 开始渲染

e) 保存渲染文件

图 7-31 渲染输出（续）

任务 2 拉伸创建模型

任务描述

图 7-32 所示图样为一圆角长方体的平面图和模型，平面图中俯视图为一圆角矩形，长为 200mm，宽为 100mm，圆角半径为 15mm，主视图为一长方形，长为 200mm，高为 50mm。将图 7-32a 所示平面图拉伸为图 7-32b 所示的模型。

思路引导

1. 调整视口为"多个视口"模式，并调整为"主视""俯视""左视"和"东北等轴测"四种视口，其中"东北等轴测"视口的视觉样式调整为"概念"，其余视口均为"二维线框"。

2. 选择"俯视"视口为当前窗口，根据图 7-32 中俯视图的尺寸创建平面图。

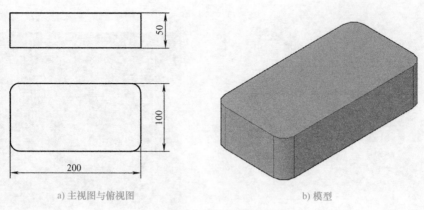

a) 主视图与俯视图   b) 模型

图 7-32　圆角长方体

3. 应用"拉伸建模"指令拉伸创建的俯视图，形成立体模型。

学习新指令

拉伸建模；编辑多段线。

工具箱

名　称	图　标	备　注	名　称	图　标	备　注
矩形	▭ ▾	REC	拉伸建模	拉伸	EXT
直线	直线	L	修剪	▾	TR
圆	圆 ▾	C	倒角	倒角	CHA
倒圆角	圆角	F	编辑多段线		PE

任务步骤

1. 绘图准备

将指针移至"工作空间"按钮并单击→切换为"三维建模"→在"常用"菜单的"视图"工具栏中调整视口类型为"多个视口"→将四个视口分别调整为"前视，二维线框""俯视、二维线框""左视，二维线框"和"东北等轴测，概念"→将指针移至"东北等轴测"视口右上角的视觉立方体下方的倒三角并单击→在下拉列表中选择"WCS"（世界坐标系），如图 7-33 所示。

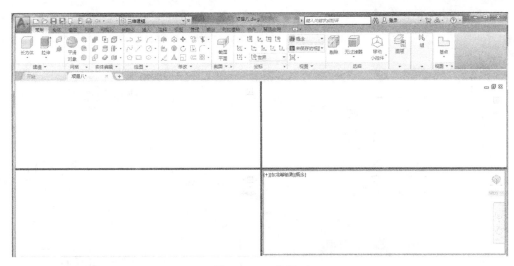

图 7-33　工作界面

2. 创建俯视二维草图

选定"俯视"视口作为当前工作窗口→单击"矩形"按钮 □·→将指针移至"俯视"视口绘图区→命令行提示"RECTANG 指定第一个角点或〔倒角（C）标高（E）圆角（F）厚度（T）宽度（W）〕:"→输入字母"f"→按 < Enter > 键→指针右下角或命令行提示"RECTANG 指定矩形的圆角半径 < 0.0000 > :"→输入圆角半径值"15"→按 < Enter > 键→在绘图区单击确定第一点→拖动鼠标指针移动适当距离→输入字母"d"→按 < Enter > 键→输入长度值"200"→按 < Enter > 键→输入宽度值"100"→按 < Enter > 键→单击确定矩形→完成圆角矩形的创建，如图 7-34 所示。

a) 单击"矩形"按钮

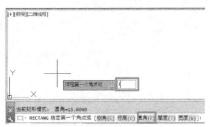

b) 输入字母"f"，按<Enter>键

c) 输入圆角半径值"15"，按<Enter>键

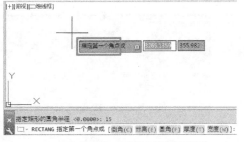

d) 指定第一点并拖动鼠标指针移动

图 7-34　创建圆角矩形二维草图

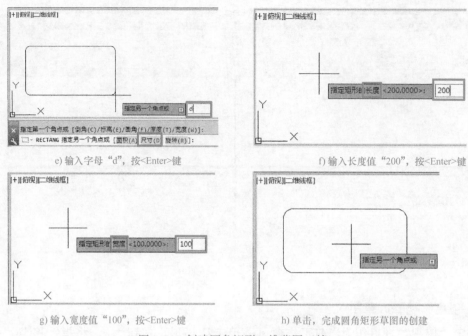

e) 输入字母"d",按<Enter>键
f) 输入长度值"200",按<Enter>键
g) 输入宽度值"100",按<Enter>键
h) 单击,完成圆角矩形草图的创建

图 7-34 创建圆角矩形二维草图 (续)

3. 拉伸应用

选中第 2 步中已创建的圆角矩形二维草图→单击"常用"菜单中"建模"工具栏中的"拉伸"按钮 →指针右下角提示"指定拉伸的高度或"→输入高度值"50"→按 < Enter > 键→选中"东北等轴测"视口→滚动或按压滚轮调整视口图样→完成圆角矩形的立体模型创建,如图 7-35 所示。

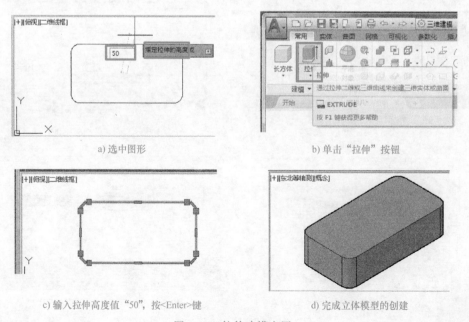

a) 选中图形
b) 单击"拉伸"按钮
c) 输入拉伸高度值"50",按<Enter>键
d) 完成立体模型的创建

图 7-35 拉伸建模应用

<记要>:

如果先单击"拉伸"按钮,则下一步应该选择需要被拉伸的草图,选择完成后必须按<Enter>键确认需要执行"拉伸"指令的对象,方可输入拉伸高度值。

4. 拉伸拓展应用

第3步创建的圆角矩形是由"矩形"工具创建的整体草图,而如果是通过绘图工具创建的多条线段组合的平面草图,在执行普通拉伸时则会出现图7-36所示现象,即拉伸的模型并不是实心的。针对此现象,需要对创建的二维草图进行合并,将多条相连接的独立线条合并成为连贯的封闭轮廓。

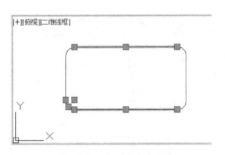

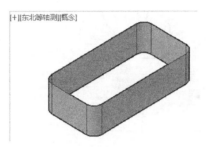

a) 组成圆角矩形的线段各自独立　　　　　　　b) 拉伸后的效果

图7-36　未执行多条线段合并的草图拉伸效果

<记要>:

在模型创建过程中,经常会遇到轮廓草图比较复杂的图样,需要多条线段进行连接,虽然能通过线条首尾相连将草图围成一个封闭整体,但各段线条均是独立的,全部选中后执行"拉伸"形成的模型并不是实体效果,而是以面片的形式呈现。

若需拉伸为实体,则必须将组成平面轮廓草图中所有首尾相连的线条合并,因此需要应用"编辑多段线"指令。

(1) 创建多段线草图　选定"俯视"视口为当前窗口,创建图7-37所示的平面草图。

(2) "编辑多段线"指令的应用　"编辑多段线"按钮位于"常用"菜单中的"修改"工具栏中,主要用于将平面草图中多条相连的独立线段合并成为一个封闭整体。

图7-37　平面草图

单击"修改"工具栏中"修改"右侧倒三角→在下拉列表中单击"编辑多段线"按钮→命令行提示"PEDIT 选择多段线或 [多条(M)]:"→输入字母"m"→按<Enter>键→框选或分别单击各段独立的线条→按<Enter>键→保持默认字母"Y"→按<Enter>键→在弹出的下拉列表中选择"合并(J)命令"→按两次<Enter>键,完成线段的合并,如图7-38所示。

(3) 拉伸拓展应用的类型　分为指定高度拉伸、指定方向拉伸、沿路径线拉伸和倾斜角拉伸四种。

1) 指定高度拉伸。单击"拉伸"按钮→在"东北等轴测"视口中单击第(2)步中已创建的封闭草图→按<Enter>键→输入拉伸高度值→按<Enter>键→完成模型指定高度的拉伸,如图7-39所示。

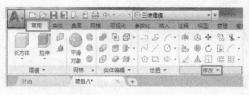

a) 单击"修改"右侧倒三角

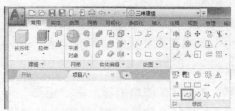

b) 单击"编辑多段线"按钮

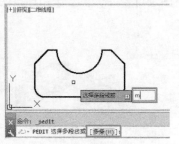

c) 输入字母"m",按<Enter>键

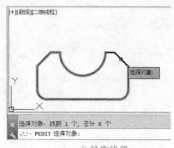

d) 拾取线段

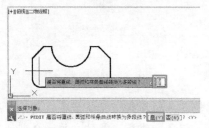

e) 保持默认字母"Y",按<Enter>键

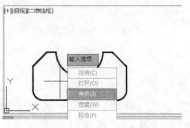

f) 选择"合并(J)"命令,按两次<Enter>键

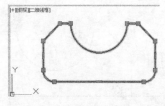

g) 完成线段的合并

图 7-38 "编辑多段线"指令的应用

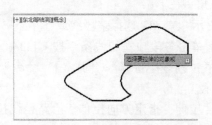

a) 单击已合并封闭草图,按<Enter>键

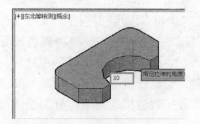

b) 输入拉伸高度值"30",按<Enter>键

图 7-39 指定高度拉伸

2）指定方向拉伸。单击"拉伸"按钮→在"东北等轴测"视口单击第（2）步中已创建的封闭草图→按＜Enter＞键→命令行提示"EXTRUDE 指定拉伸的高度或［方向（D）路径（P）倾斜角（T）表达式（E）］:"→输入字母"d"→按＜Enter＞键→将指针在"左视"视口绘图区单击任一点作为起点→任意方向移动鼠标指针并单击确定终点→完成模型指定方向的拉伸，如图 7-40 所示。

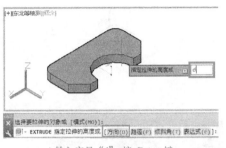

a) 输入字母"d"，按<Enter>键

b) 拾取方向线起点

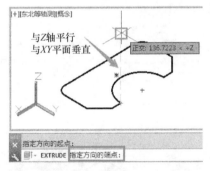

c) 指定方向线端点

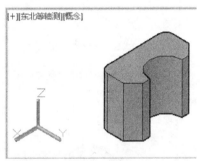

d) 完成草图的拉伸

图 7-40　指定方向拉伸

＜记要＞:
指定拉伸方向起点和终点的连线必须与草图所在平面垂直。

3）沿路径线拉伸。在第 2）步中已创建封闭草图的基础上，另外在垂直于草图的方向上创建路径线。该路径线作为拉伸应用中截面特征草图的运动轨迹线，可以是直线段，也可以是曲线，如果是由多段独立线段连接形成的路径线，则需要在执行路径拉伸前将其合并为一个封闭整体。

选定"左视"视口→单击"样条曲线"按钮→单击草图上任一点，创建自由曲线→选中封闭草图→单击"拉伸"按钮→输入字母"p"→按＜Enter＞键→拾取创建的自由曲线→完成模型沿路径线的拉伸，如图 7-41 所示。

＜记要＞:
创建的路径线存在曲线，且曲线的曲率过大时，拉伸会出现无效或异常。
路径线可以与封闭的截面特征草图有几何交点，也可以不与封闭的截面特征草图有几何交点，路径线可以与封闭的截面特征草图呈 0°和 180°夹角以外任意夹角的线条。

4）倾斜角拉伸。选中"东北等轴测"视口中已创建的封闭截面特征草图→单击"拉

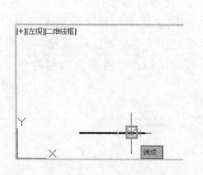

a) 单击"样条曲线"按钮，拾取草图上端点

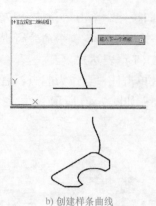

b) 创建样条曲线

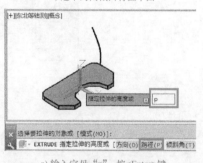

c) 选中封闭截面特征草图

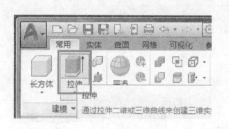

d) 单击"拉伸"按钮

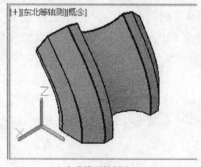

e) 输入字母"p"，按<Enter>键

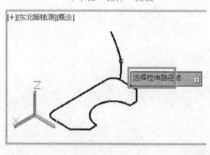

f) 拾取路径线条

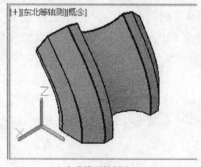

g) 完成模型的创建

图7-41　沿路径线拉伸

伸"按钮→输入字母"t"→按＜Enter＞键→输入倾斜角度值"10"→按＜Enter＞键→输入拉伸高度值"50"→按＜Enter＞键→完成模型倾斜角拉伸创建，如图7-42所示。

a) 拾取封闭草图

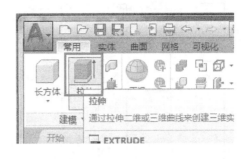

b) 单击"拉伸"按钮

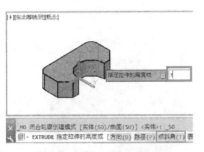

c) 输入字母"t"，按<Enter>键

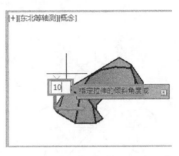

d) 输入倾斜角度值"10"，按<Enter>键

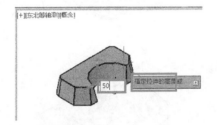

e) 输入高度值"50"，按<Enter>键

f) 完成模型的创建

图 7-42　倾斜角拉伸

大展身手

根据图 7-43 ~ 图 7-46 创建拉伸截面特征草图，并应用"编辑多段线"指令将草图合并为整体，最终应用"拉伸"指令创建立体模型。

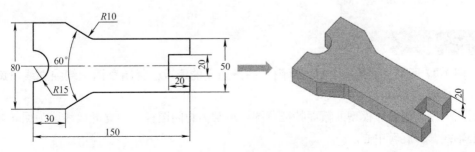

图 7-43　练习图（一）

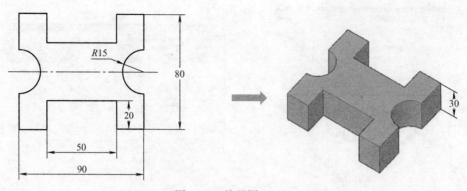

图 7-44　练习图（二）

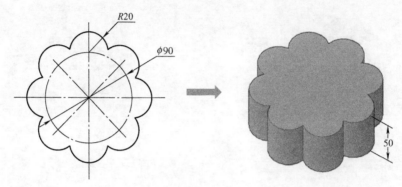

图 7-45　练习图（三）

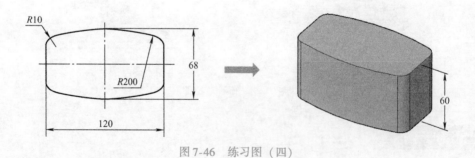

图 7-46　练习图（四）

任务 3　旋转创建模型

任务描述

　　如图 7-47 所示，创建一个封闭草图，一条独立的线段，封闭草图围绕独立线段旋转而形成立体模型。

　　封闭草图为回转体模型的截面特征草图，通常为封闭图样；独立开放线段为回转体模型的中心轴线，即旋转中心。

　　旋转功能主要用于创建回转体，即旋转体，例如，圆柱、圆锥和圆环等。

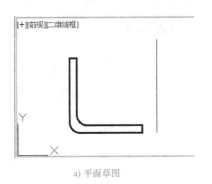
a) 平面草图

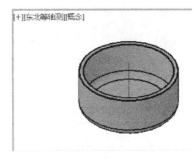
b) 应用旋转形成模型

图 7-47 旋转创建模型

思路引导

1. 采用"多个视口"模式，分别设置为"前视""俯视""左视""轴测"。其中"轴测"视口选择"东北等轴测"，视觉样式调整为"概念"，采用"WCS"。

2. 在"前视"视口创建封闭草图和一条独立开放的线段。

3. 应用"旋转"指令创建回转体模型。

学习新指令

旋转建模。

工具箱

名　称	图　标	备　注	名　称	图　标	备　注
直线	直线	L	编辑多段线		PE
圆角	圆角	F	旋转建模	旋转	REV

任务步骤

1. 创建旋转截面特征草图

选定"前视"视口为当前工作窗口，根据图 7-48 所示图样结构和标注的尺寸创建图 7-47a 所示的平面草图。

2. 合并草图

应用"编辑多段线"指令将第 1 步中创建的封闭草图各条线段合并，如图 7-49 所示。

3. 应用"旋转"工具

单击"拉伸"按钮下方的倒三角→在下拉列表中单击"旋转"按钮→拾取封闭草图→按 <Enter> 键→单击旋转轴起点"a"→单击旋转轴端点"b"→输入成型旋转角度值"360"→按 <Enter> 键→完成回转体模型的创建，如图 7-50 所示。

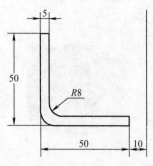

图 7-48　创建平面草图

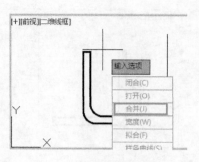

图 7-49　合并封闭草图

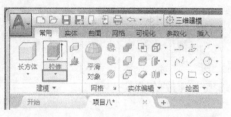

a) 单击"拉伸"按钮下方的倒三角

b) 单击"旋转"按钮

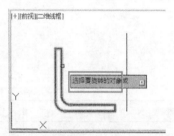

c) 拾取封闭草图为旋转对象，按<Enter>键

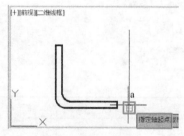

d) 指定旋转轴起点"a"

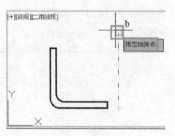

e) 指定旋转轴端点"b"

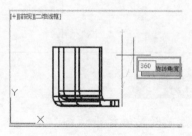

f) 输入成型旋转角度值"360"按<Enter>键

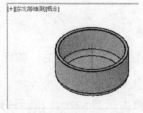

g) 完成回转体模型的创建

图 7-50　旋转创建模型

＜记要＞：

当截面特征草图为开放式线条时，旋转产生的模型成为曲面，没有厚度，如图 7-51 所示。

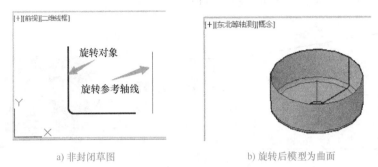

a) 非封闭草图　　　　　　　　　　b) 旋转后模型为曲面

图 7-51　开放线条旋转应用

旋转轴可以是已经创建的线条，也可以不用创建，在选中封闭草图后单击两个点作为旋转轴线。

旋转轴线只能是直线段，曲线不能作为旋转轴线，否则旋转建模无效。

旋转轴线与封闭草图的距离不同，旋转形成的模型结果不同，如图 7-52、图 7-53 所示。

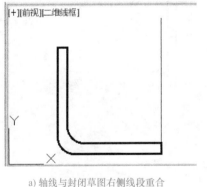

a) 轴线与封闭草图右侧线段重合　　　　　　b) 应用旋转后建立的模型

图 7-52　轴线与封闭草图重合

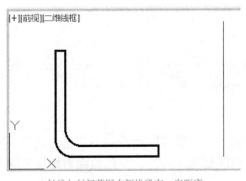
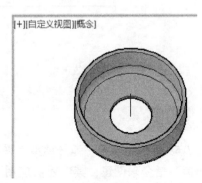

a) 轴线与封闭草图右侧线段有一定距离　　　　b) 应用旋转后建立的模型

图 7-53　轴线与封闭草图分开适当距离

创建图 7-54～图 7-57 所示的旋转截面特征草图，并应用"编辑多段线"指令将草图合并为整体，最终应用"旋转"指令创建立体模型。

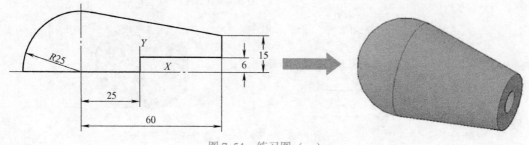

图 7-54　练习图（一）

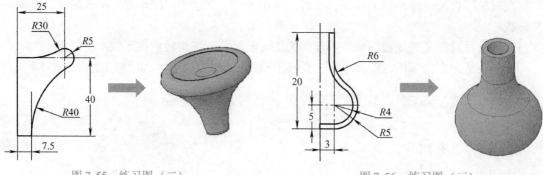

图 7-55　练习图（二）　　　　　　　　　　　图 7-56　练习图（三）

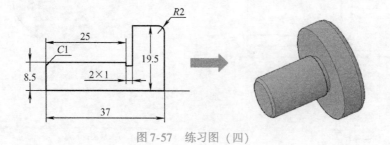

图 7-57　练习图（四）

任务 4　扫掠创建模型

图 7-58 所示图样为一弹簧模型，采用"拉伸""旋转"指令均不能实现创建，需要用到"扫掠"指令来创建，其中还需应用到螺旋线创建。另外，弹簧的截面特征为圆，生成路径为螺旋线，且特征圆与路径线垂直。

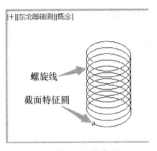

a) 截面草图与路径草图

b) 弹簧模型

图 7-58 扫掠创建弹簧模型

思路引导

1. 采用"多个视口"模式，分别设置为"前视""俯视""左视"和"轴测"，其中"轴测"视口调整为"东北等轴测"，视觉样式调整为"概念"，采用"WCS"。

2. 在"俯视"视口创建螺旋线。

3. 在"前视"视口创建截面特征圆。

4. 应用"扫掠"指令创建弹簧模型。

学习新指令

扫掠；螺旋线。

工具箱

名 称	图 标	备 注	名 称	图 标	备 注	名 称	图 标	备 注
圆	圆	C	扫掠建模	扫掠	SW	螺旋线		HELI

任务步骤

1. 创建螺旋线

选定"俯视"视口作为当前窗口→在"常用"菜单中"绘图"工具栏中单击"绘图"按钮右侧的倒三角→在下拉列表中单击"螺旋线"按钮→在"俯视"视口绘图区单击，确定螺旋线中心→拖动鼠标指针移动适当距离→输入底面基圆半径值 12→按 < Enter > 键→输入顶面基圆半径值 12→按 < Enter > 键→命令行提示"HELIX 指定螺旋高度或 [轴端点（A）圈数（T）圈高（H）扭曲（W）] < 40.0000 >:"→输入字母"t"→按 < Enter > 键→输入圈数值→按 < Enter > 键→输入字母"h"→按 < Enter > 键→输入圈间距值→按 < Enter > 键→完成螺旋线的创建，如图 7-59 所示。

< 记要 >:

创建底面基圆时，指针的位置决定螺旋线的起点方向，进而影响创建截面特征圆选取的视口方向。

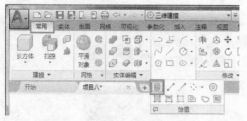

a) 单击"螺旋线"按钮

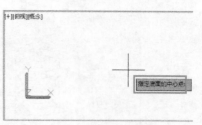

b) 指定螺旋线中心

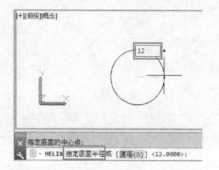

c) 输入底面基圆半径值"12", 按<Enter>键

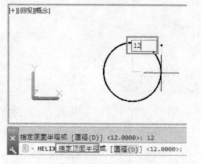

d) 输入顶面基圆半径值"12", 按<Enter>键

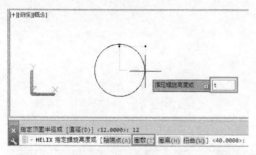

e) 输入字母"t", 按<Enter>键

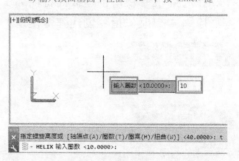

f) 输入圈数值"10", 按<Enter>键

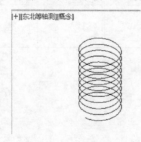

g) 输入字母"h", 按<Enter>键

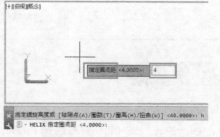

h) 输入圈间距值"4", 按<Enter>键

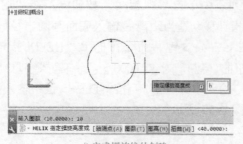

i) 完成螺旋线的创建

图 7-59　创建螺旋线

2. 创建截面特征圆

选定"前视"视口为当前窗口→单击"圆"按钮→单击螺旋线底部端点作为圆心→拖动鼠标指针移动适当距离→输入特征圆半径值→按＜Enter＞键→完成截面特征圆的创建，如图7-60所示。

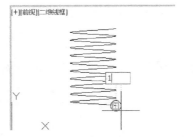

a) 在"前视"视口单击螺旋线底部端点创建截面特征圆　　　b) 完成截面特征圆的创建

图7-60　创建截面特征圆

＜记要＞：

截面特征圆可与路径线有几何交点，也可以没有几何交点，都能实现模型创建；

截面特征圆的尺寸大小决定扫掠应用成功与否，通常截面特征圆的尺寸与扫掠路径上的曲率半径紧密相关，如果扫掠路径上的最小曲率半径较小而截面特征圆的半径较大，则导致扫掠不能实现，在应用过程中要特别注意截面特征图形尺寸与扫掠路径曲率半径之间的关系。

3. 扫掠应用

单击"拉伸"按钮下方的倒三角→在下拉列表中单击"扫掠"按钮→拾取截面特征圆→按＜Enter＞键→拾取扫掠路径→完成弹簧模型的创建，如图7-61所示。

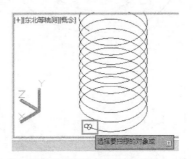

a) 单击"扫掠"按钮　　　　　b) 拾取截面特征圆为扫掠对象，按＜Enter＞键

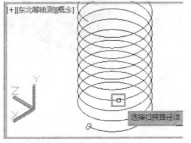

c) 拾取螺旋线为扫掠路径　　　　　d) 完成弹簧模型的创建

图7-61　扫掠创建模型

<记要>:

扫掠对象必须是封闭的草图,扫掠创建的模型则为实体模型,否则为曲面模型。扫掠路径通常是开放的独立线条,也可以是首尾相连的闭合路径。

扫掠对象和扫掠路径图形由多段线条组成时,在执行扫掠前须应用"编辑多段线"指令将图形线条合并为一个统一整体,否则,扫掠对象可以拾取多个,但扫掠后模型为曲面体,即内部是空心的且模型没有厚度;扫掠路径每次只识别一条线段。

大展身手

根据图 7-62 ~图 7-65 创建扫掠截面特征草图,应用"扫掠"指令创建立体模型。

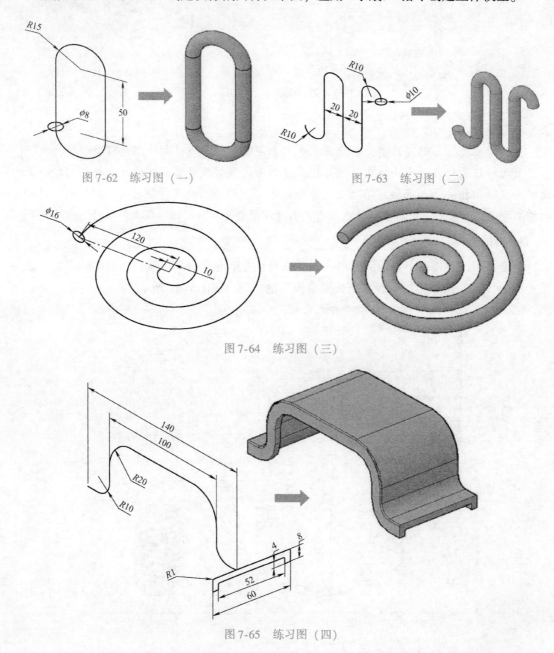

图 7-62 练习图(一)

图 7-63 练习图(二)

图 7-64 练习图(三)

图 7-65 练习图(四)

任务5 放样创建模型

任务描述

图7-66所示图样模型不同于常见的基本几何体，截面特征从底部到顶部发生了改变，其顶部的截面特征草图为直径80mm的圆，底部的截面特征草图为正六边形，正六边形的外接圆直径为150mm，顶部到底部的竖直距离为90mm。

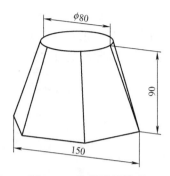

图7-66 放样特征模型

思路引导

1. 采用"多个视口"模式，分别设置为"前视""俯视""左视""轴测"，其中"轴测"视口调整为"东北等轴测"视觉样式调整为"概念"，采用"WCS"。

2. 在"轴测"视口创建正六边形。

3. 在"轴测"视口创建90mm的竖直线段。

4. 在"轴测"视口以竖直线段的 B 点为基点创建圆。

5. 以正六边形和圆作为截面特征草图，应用"放样"指令创建模型。

学习新指令

放样建模。

工具箱

名 称	图 标	备 注	名 称	图 标	备 注
多边形	多边形	POL	直线	直线	L
圆	圆	C	放样	放样	LOF

任务步骤

1. 创建放样截面特征草图1

选定"东北等轴测"视口为当前工作窗口→单击"多边形"按钮→将指针移至"东北等轴测"视口→创建外接圆直径为150mm的正六边形，完成放样截面特征草图1，如图7-67所示。

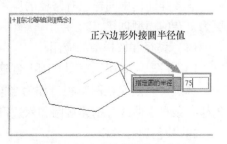

图7-67 创建放样截面特征草图1

2. 创建竖直线

该 90mm 的竖直线与正六边形的中心法线重合，主要用于确定顶部截面特征圆的圆心。

选定"东北等轴测"视口作为当前工作窗口→单击"直线"按钮→将指针移至"东北等轴测"视口正六边形中心点上→单击确定起点→打开"正交"模式沿 Z 轴方向创建竖直线→输入线段高度值"90"→按 <Enter> 键→完成竖直线的创建，如图 7-68 所示。

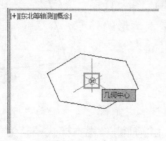
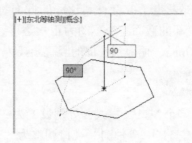

a) 拾取正六边形中心点　　　　　　　b) 沿Z轴方向创建竖直线

图 7-68　创建 90mm 竖直线

3. 创建放样截面特征草图 2

选定"东北等轴测"视口为当前工作窗口→单击"圆"按钮→拾取竖直线段的 B 点作为圆心创建截面特征圆，完成放样截面特征草图 2 的创建，如图 7-69 所示。

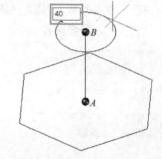

4. 放样应用

删除竖直线段 AB，保留正六边形草图和截面特征圆。

图 7-69　创建放样截面特征草图 2

选定"东北等轴测"视口为当前窗口→单击"拉伸"按钮下方的倒三角→在下拉列表中单击"放样"按钮→拾取正六边形边线→拾取截面特征圆→按 <Enter> 键→在弹出的下拉列表中点选"仅横截面（C）"命令→完成基础放样模型的创建，如图 7-70 所示。

5. 放样拓展应用

放样的基础应用是只以两个或两个以上不同的截面特征草图为元素进行的放样建模；而拉伸建模和扫掠建模的各处截面特征草图均是相同的。另外，拉伸和扫掠中具有路径的应用，而放样建模中同样也有路径的应用，同时还增加了引导线，即导向线的应用，能够实现更为复杂的模型创建。

（1）路径在放样中的应用

1）在图 7-70 所示草图基础上创建一条独立开放的线条作为路径线。

选定"自定义视图"视口作为当前视口，调整视口角度→单击"样条曲线"按钮 $\sim$ →创建一条自由曲线分别连接圆和六边形，如图 7-71 所示。

2）应用路径放样。

单击"放样"按钮→拾取圆→拾取正六边形边线→按 <Enter> 键→在下拉列表中点选

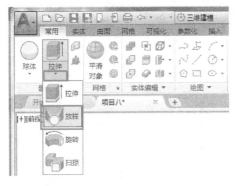
a) 单击"放样"按钮

b) 拾取底面正六边形

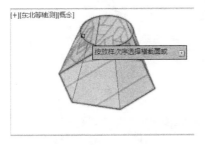
c) 拾取顶面圆，按<Enter>键

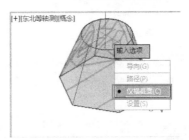
d) 点选"仅横截面(C)"命令

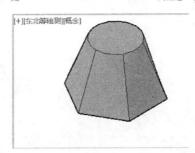
e) 完成放样模型的创建

图 7-70 放样创建模型

"路径（P)"命令→拾取路径曲线→完成路径创建放样模型，如图 7-72 所示。

＜记要＞：

路径在放样中只能使用一条，不能同时应用多条独立开放线条。

（2）导向在放样中的应用 导向即多截面特征模型创建过程中引导截面特征草图形成的轨迹线，与路径的主要区别在于导向可以选择多条线条，而路径只能选择一条线条。

在图 7-71 所示草图基础上创建另外一条独立开放的线条，与路径线一同组成导向线，也称为放样引导线。

1）创建导向线 1 和导向线 2。选定"前视"视口作为当前窗口→选中已创建的路径线，应用"镜像"指令创建对称方向上的另一条独立开放路径线，如图 7-73 所示。

＜记要＞：

创建的导向线首尾必须与放样的截面草图有几何交点。

2）应用导向放样。单击"放样"按钮→拾取圆→拾取正六边形→按＜Enter＞键→在弹

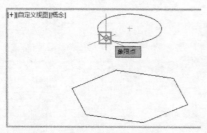

a) 拾取顶面圆象限点为曲线第一点

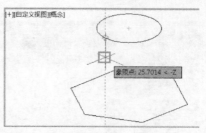

b) 自由指定曲线上第二点

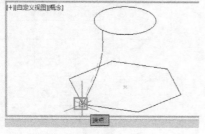

c) 指定曲线上第三点，按<Enter>键

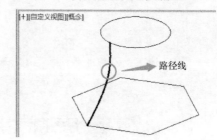

d) 完成路径线的创建

图 7-71　创建路径线

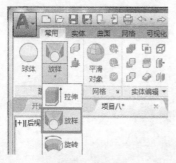

a) 单击"放样"按钮

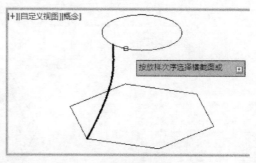

b) 拾取顶面圆

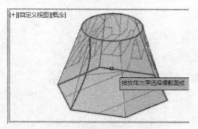

c) 拾取底面正六边形，按<Enter>键

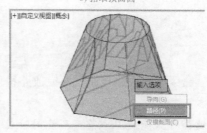

d) 点选"路径(P)"命令

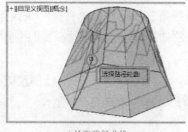

e) 拾取路径曲线

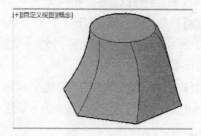

f) 完成路径创建放样建模

图 7-72　应用路径创建放样模型

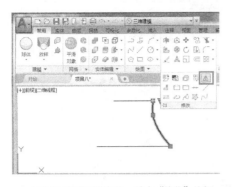

a) 选中已创建的路径线,单击"镜像"按钮

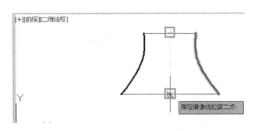

b) 指定镜像线起点和终点

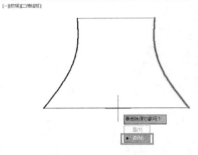

c) 点选"否(N)"命令

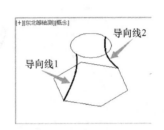

d) 完成导向线1和导向线2的创建

图 7-73 创建导向线 1 和导向线 2

出的下拉列表中点选"导向(G)"命令→拾取导向线 1→拾取导向线 2→完成导向创建放样模型,如图 7-74 所示。

a) 单击"放样"按钮

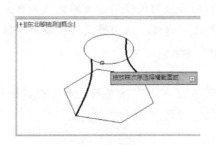

b) 拾取顶面圆

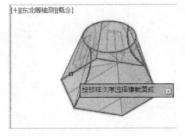

c) 拾取底面正六边形,按<Enter>键

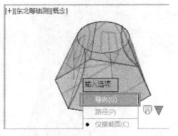

d) 点选"导向(G)"命令

图 7-74 导向放样应用

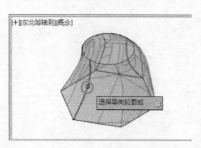 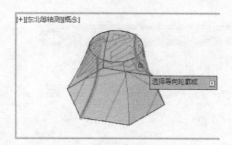

e) 拾取导向线1   f) 拾取导向线2，按<Enter>键

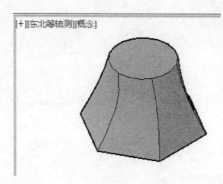

g) 完成导向放样

图 7-74 导向放样应用（续）

<记要>：

如果放样对象草图以及路径和导向线由多段线条分段组成，则在放样应用前应该根据实际需要应用"编辑多段线"指令将其合并为一个整体。

创建放样截面特征草图时，由于草图分布在不同的高度上，可以分别任意位置创建截面特征草图，然后应用线段创建辅助定位，再应用"捕捉"工具配合"移动"指令对截面特征草图进行定位分布，从而确定放样截面特征草图的位置。

大展身手

根据图 7-75 ~ 图 7-78 创建放样截面特征草图，并应用放样指令创建立体模型，图中图样未标注尺寸的自定义尺寸。

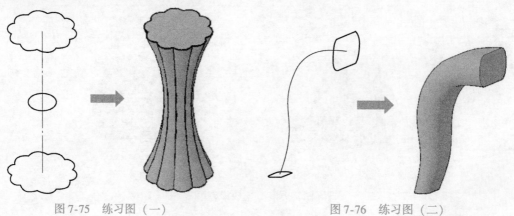

图 7-75 练习图（一）   图 7-76 练习图（二）

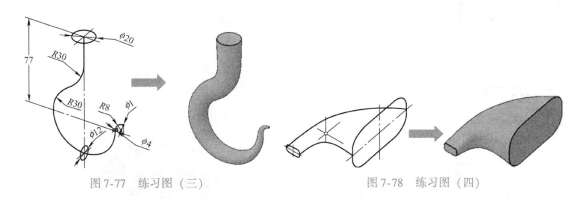

图 7-77 练习图（三）　　　　　　　　　图 7-78 练习图（四）

任务 6　三维实体编辑

任务描述

　　在模型创建过程中，单独使用基本体、拉伸、旋转、扫掠和放样指令很难实现结构比较复杂的模型的创建，这就需要应用到布尔运算、模型倒角、模型圆角、三维镜像和三维阵列等工具，进而实现复杂结构模型的创建。

思路引导

　　1. 布尔运算用于实现多个模型之间的加法和减法运算，即相当于切削加工和堆叠。
　　2. 倒角边和圆角边用于创建模型的特征倒角和圆角。
　　3. 三维镜像用于创建具有对称特征的模型。
　　4. 三维阵列用于创建线性或环形规律分布的模型。

学习新指令

　　并集；差集；交集；倒角边；圆角边；抽壳；三维镜像；三维阵列。

工具箱

名　称	图　标	备　注	名　称	图　标	备　注
并集		UNI	圆角边	圆角边	F
差集		SU	抽壳	抽壳	—
交集		IN	三维镜像		3DMI
倒角边	倒角边	—	三维阵列		3DAR

1. 布尔运算应用

选定"俯视"视口作为当前工作窗口→创建平面草图，如图7-79所示。

应用"拉伸"指令将图7-79所示的草图建模，如图7-80所示。

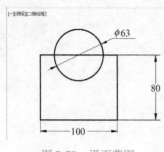

图7-79 平面草图

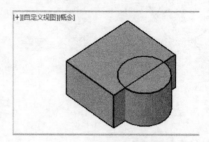

图7-80 拉伸草图创建模型

（1）并集应用 在"常用"菜单中"实体编辑"工具栏内单击"并集"按钮 →将指针移至"自定义视图"视口内→拾取立方体→拾取圆柱体→按<Enter>键→完成模型合并，如图7-81所示。

a) 单击"并集"按钮

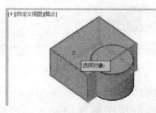

b) 拾取立方体

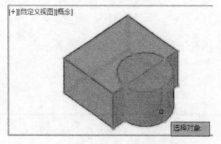

c) 拾取圆柱体，按<Enter>键

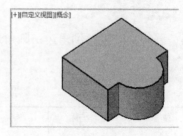

d) 立方体与圆柱体合并为一个整体

图7-81 并集应用

<记要>：

合并模型时，拾取的独立模型数不能少于两个，拾取先后顺序不影响结果。

（2）差集应用 在"常用"菜单中"实体编辑"工具栏内单击"差集"按钮 →将指针移至"自定义视图"视口内→拾取立方体→按<Enter>键→拾取圆柱体→按<Enter>键→完成模型相减，如图7-82所示。

若先拾取圆柱体后拾取立方体，则结果如图7-83所示。

a) 单击"差集"按钮

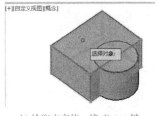

b) 拾取立方体，按<Enter>键

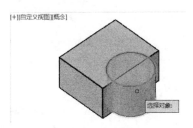

c) 拾取圆柱体，按<Enter>键

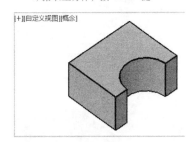

d) 立方体被切削

图 7-82　差集应用（一）

a) 单击"差集"按钮

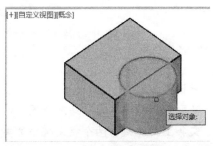

b) 拾取圆柱体，按<Enter>键

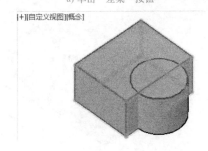

c) 拾取立方体，按<Enter>键

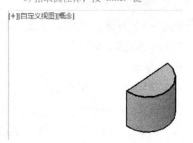

d) 圆柱体被切削

图 7-83　差集应用（二）

<记要>:

第一阶段拾取的立方体作为被削减对象，按<Enter>键即确认被削减对象。

第二阶段拾取的圆柱体作为切削工具，按<Enter>键即确认切削工具已选择完毕，系统从而执行差集命令。

拾取的先后顺序不同，结果不相同。

（3）交集应用　在"常用"菜单中"实体编辑"工具栏内单击"交集"按钮 ▱→将

指针移至"自定义视图"视口内→拾取立方体→拾取圆柱体→按＜Enter＞键→完成模型交集，如图 7-84 所示。

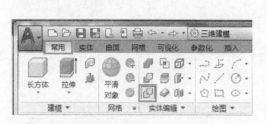

a) 单击"差集"按钮

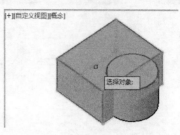

b) 拾取立方体

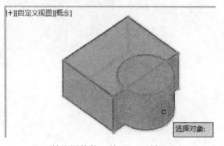

c) 拾取圆柱体，按＜Enter＞键

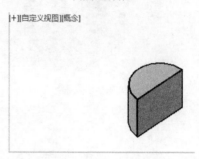

d) 完成交集

图 7-84 交集应用

＜记要＞：

拾取先后顺序不同，结果相同；

交集主要是减去两个相交模型的非共有区域，保留两者的共有部分。

2. 圆角边与倒角边

创建一立方体，选定"东北等轴测"视口为当前窗口，如图 7-85 所示。

（1）圆角边 在"实体"菜单中"实体编辑"工具栏中单击"圆角边"按钮→命令行提示"FILLETEDGE 选择边或［链（C）环（L）半径（R）］："→输入字母"r"→按＜Enter＞键→输入圆角半径值→按＜Enter＞键→拾取立方体的任一棱边→按＜Enter＞键→指针右下角或命令行提示"按 Enter 键接受圆角或"→按＜Enter＞键→完成模型的圆角边创建，如图 7-86 所示。

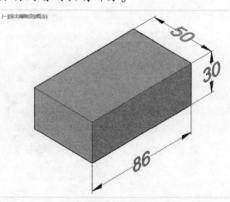

图 7-85 创建立方体

（2）倒角边 在"实体"菜单中"实体编辑"工具栏中单击"圆角边"按钮下方的倒三角→在下拉列表中单击"倒角边"按钮→命令行提示"CHAMFEREDGE 选择一条边或［环（L）距离（D）］："→输入字母"d"→按＜Enter＞键→输入距离 1 值→按＜Enter＞键→输入距离 2 值→按＜Enter＞键→拾取立方体的任一棱边→按＜Enter＞键→指针右下角或命令行提示"按 Enter 键接受倒角或"→按＜Enter＞键→完成模型的倒角边创建，如图 7-87 所示。

a) 单击"圆角边"按钮

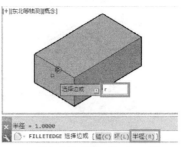

b) 输入字母"r"，按<Enter>键

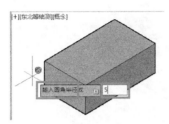

c) 输入圆角半径值"5"，按<Enter>键

d) 拾取立方体棱边

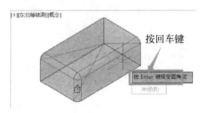

e) 按<Enter>键确认圆角

f) 完成圆角边的创建

图 7-86　圆角边应用

a) 单击"倒角边"按钮

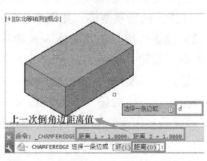

b) 输入字母"d"，按<Enter>键

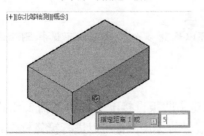

c) 输入距离1值或"5"，按<Enter>键

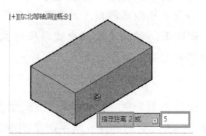

d) 输入距离2值或"5"，按<Enter>键

图 7-87　"倒角边"指令的应用

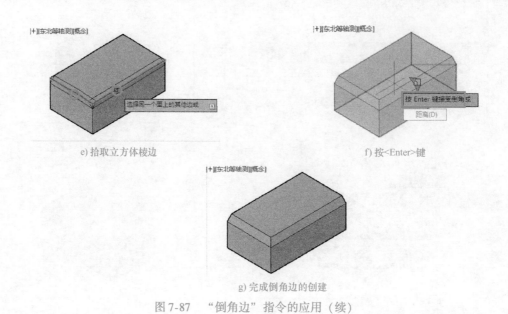

e) 拾取立方体棱边　　　　　　　　　　f) 按<Enter>键

g) 完成倒角边的创建

图 7-87　"倒角边"指令的应用（续）

<记要>：

可以连续拾取多条棱边作为"倒角边"或"圆角边"指令的对象。

应用"倒角边"指令时只能拾取同一平面上的模型边线。

3. 抽壳

"抽壳"指令主要应用于创建箱体类零件模型，通过制定壳厚，对创建的实体模型执行移除面或实体的内部空间。

（1）创建抽壳基本体　选定"轴测"视口为当前窗口，创建一立方体作为抽壳基本体，如图 7-88 所示。

（2）抽壳应用　在"实体"菜单中"实体编辑"工具栏中单击"抽壳"按钮→将指针移至"东北等轴测"视口→指针右下角提示"选择三维实体："→拾取立方体→指针右下角提示"删除面或"→拾取立方体的任一表面→按＜Enter＞键→指针右下角提示

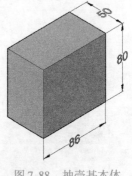

图 7-88　抽壳基本体

"输入抽壳偏移距离"→输入抽壳偏移距离值→按＜Enter＞键→按＜Esc＞键退出→完成抽壳应用，如图 7-89 所示。

<记要>：

抽壳偏移距离即内、外表面间距，也称为壳厚度。

删除面，即抽壳过程中被移除的立体表面，可以删除多个，也可以不选择删除面，则模型内部为空心。

4. 三维镜像

创建如图 7-90 所示模型，该模型左侧已经创建了肋板，接下来在右侧需要创建相同的肋板，两者具有对称性，与平面草图中的镜像相似，三维模型同样可以进行镜像操作，实现对称方向上相同模型的快速创建。与二维草图镜像不同的是，三维镜像需要应用镜像面，而二维草图的镜像需要应用镜像线，前者须选定三个点确定镜像面，后者须选定两个点确定镜像线。

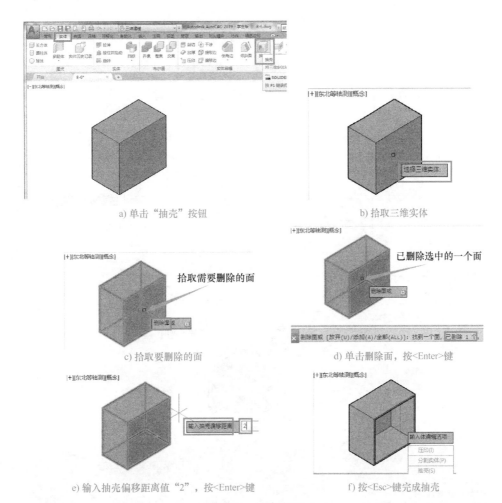

a) 单击"抽壳"按钮

b) 拾取三维实体

c) 拾取要删除的面

d) 单击删除面，按<Enter>键

e) 输入抽壳偏移距离值"2"，按<Enter>键

f) 按<Esc>键完成抽壳

图 7-89 抽壳应用

（1）创建镜像辅助平面 选定"俯视"视口作为当前窗口→单击"连线"按钮→将指针移至"俯视"视口捕捉圆的上象限点 a→沿 a、b 两点所在极轴线创建自由线段→单击"拉伸"按钮→选中自由线段→按 <Enter> 键→输入拉伸高度值→按 <Enter> 键→完成镜像辅助平面的创建，如图 7-91 所示。

图 7-90 待镜像模型

（2）三维镜像应用 选定"自定义视图"视口作为当前窗口→拾取左侧肋板为被镜像元素→在"常用"菜单中"修改"工具栏中单击"三维镜像"按钮→将指针移至已创建的镜像辅助平面上→拾取 d 点→拾取 e 点→拾取 f 点→指针右下角提示"是否删除源对象？"→点选"否（N）"命令→完成三维镜像，实现右侧肋板的创建，如图 7-92 所示。

<记要>：

创建的镜像辅助平面分布在左、右两个肋板模型的对称平面上，利用三个点确定一个平面的基本原理，分别拾取面上的任意三个点即可指定镜像面。

在三维镜像的实际应用中，选定被镜像元素，单击"三维镜像"按钮后命令行提示

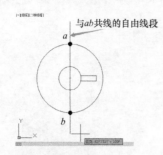

与ab共线的自由线段

a) 在"俯视"视口创建自由线段

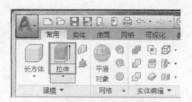

b) 单击"拉伸"按钮

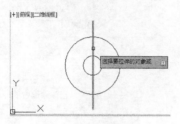

c) 拾取自由线段为拉伸对象,按<Enter>键

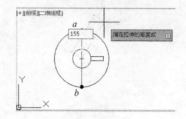

d) 输入拉伸高度值,按<Enter>键

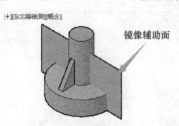

镜像辅助面

e) 完成镜像辅助平面的创建

图 7-91　创建镜像辅助平面

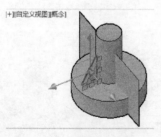

a) 拾取左侧肋板为镜像源

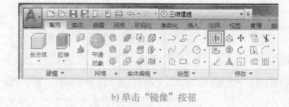

b) 单击"镜像"按钮

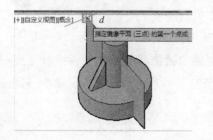

c) 拾取镜像面上第一点d

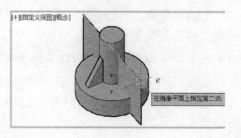

d) 拾取镜像面上第二点e

图 7-92　三维镜像应用

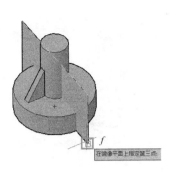

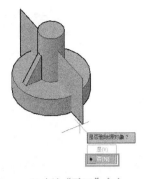

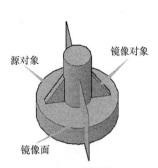

e) 拾取镜像面上第三点 f | f) 点选"否(N)"命令 | g) 完成三维镜像

图 7-92 三维镜像应用（续）

"对象（O）最近的（L）Z 轴（Z）视图（V）XY 平面（XY）YZ 平面（YZ）ZX 平面（ZX）三点（3）"，通常所创建的模型镜像面与 *XY*、*YZ*、*ZX* 三个坐标平面平行，因此在三维镜像应用过程中，熟悉镜像面与平面坐标系的几何关系，灵活选用，则无须再创建镜像辅助平面，下面以图 7-90 模型为例讲解其应用。

选中左侧肋板→单击"三维镜像"按钮→观察当前坐标系，预测镜像面与 *X* 轴垂直，即镜像面与 YZ 平面平行→输入字母"yz"→按 < Enter > 键→指针右下角提示"指定镜像平面（三点）的第一个点或"→预测镜像面穿过圆柱体几何中心，单击圆柱体上表面在镜像面上的象限点→指针右下角提示"是否删除源对象？"→点选"否（N）"命令完成三维镜像应用，如图 7-93 所示。

（3）"二维镜像"指令在三维模型镜像中的应用 模型的三维镜像主要是在一个镜像面上完成，基本上是由一个二维平面即可实现，因此，"三维镜像"通常也可以用"二维镜像"指令代替完成，下面以图 7-90 模型为例进行讲解。

a) 拾取左侧肋板为镜像源

b) 单击"三维镜像"按钮

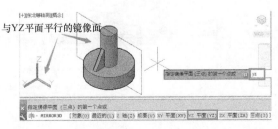

c) 输入字母"yz"，按<Enter>键

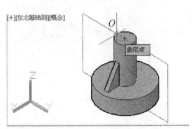

d) 单击圆柱体上表面在镜像面上的象限点

图 7-93 单点确定镜像面应用

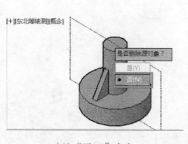

e) 点选 "否(N)" 命令

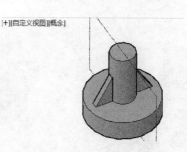

f) 完成三维镜像应用

图 7-93　单点确定镜像面应用（续）

在"俯视"视口选中右侧肋板→单击"二维镜像"按钮→将指针移至"俯视"视口→拾取大圆上象限点 *a*→拾取圆心 *o*→指针右下角提示"要删除源对象吗?"→点选"否（N）"命令完成右侧肋板的创建，如图 7-94 所示。

5. 三维阵列

三维阵列，即模型在空间中的快速规律复制排列的方式，主要有矩形阵列和环形阵列两种形式，即线性阵列和圆周阵列两种方式，其中环形阵列与二维草图中环形阵列的区别在于，前者需拾取两个点确定阵列轴线，后者只需拾取一个点确定阵列中心。

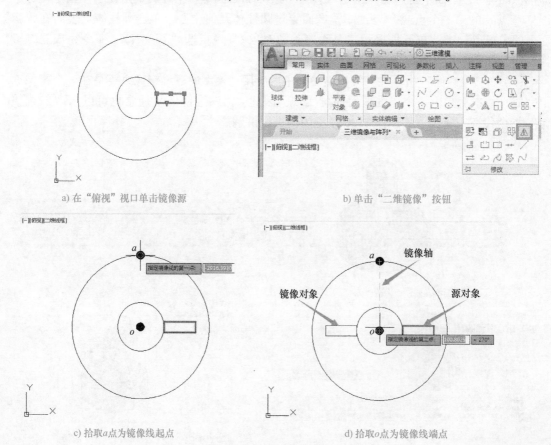

a) 在"俯视"视口单击镜像源

b) 单击"二维镜像"按钮

c) 拾取*a*点为镜像线起点

d) 拾取*o*点为镜像线端点

图 7-94　"二维镜像"指令在三维模型镜像中的应用

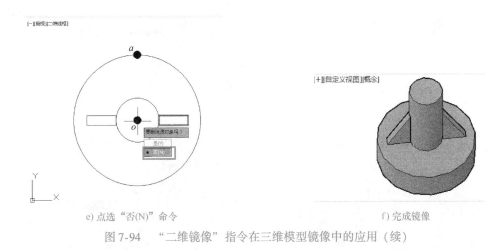

e) 点选"否(N)"命令　　　　　　　　　　f) 完成镜像

图 7-94　"二维镜像"指令在三维模型镜像中的应用（续）

另外，"三维阵列"按钮在"常用"菜单中没有列出，通常采用输入指令并按<Enter>键后激活"三维阵列"工具栏，其指令为"3dar"。

（1）三维环形阵列　选定"自定义视图"视口为当前窗口，视口样式调为"二维线框"→输入"3DAR"→按<Enter>键→指针变成方块状，同时右下角提示"选择对象："，对象即要进行环形阵列的模型→拾取图 7-95c 中的右侧肋板→按<Enter>键确定模型选定→指针右下角弹出阵列类型→点选"环形（P）"命令→指针右下角提示"输入阵列中的项目数目"→输入"3"→按<Enter>键→指针右下角提示"指定要填充的角度（＋＝逆时针，－＝顺时针）"→输入"360"→按<Enter>键→指针右下角提示"旋转阵列对象？"→点选"是（Y）"命令→指针右下角提示"指定阵列的中心点"→拾取圆柱的顶部圆心"O1"→拾取圆柱的底部圆心"O2"→完成三维环形阵列应用，调整视口的视觉样式观察模型，如图 7-95 所示。

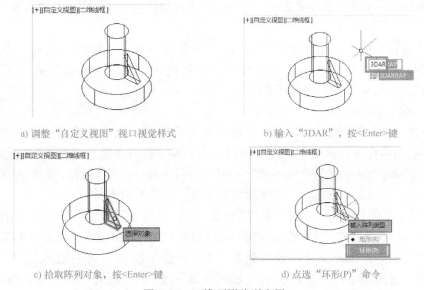

a) 调整"自定义视图"视口视觉样式　　　　b) 输入"3DAR"，按<Enter>键

c) 拾取阵列对象，按<Enter>键　　　　　　d) 点选"环形(P)"命令

图 7-95　三维环形阵列应用

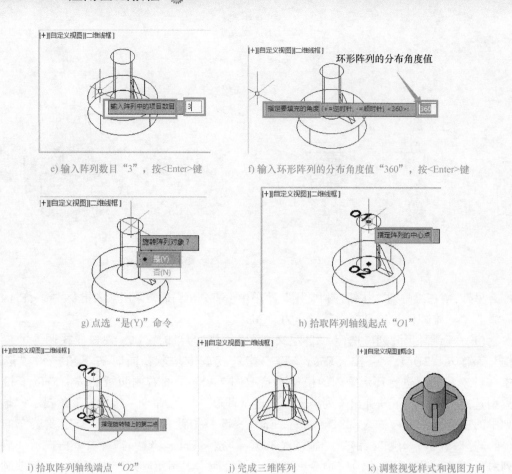

e) 输入阵列数目"3",按<Enter>键

f) 输入环形阵列的分布角度值"360",按<Enter>键

g) 点选"是(Y)"命令

h) 拾取阵列轴线起点"O1"

i) 拾取阵列轴线端点"O2"

j) 完成三维阵列

k) 调整视觉样式和视图方向

图7-95　三维环形阵列应用(续)

(2) 二维环形阵列在三维模型中的应用　二维环形阵列同样能够创建三维模型的环形阵列,但只能在一个平面维度中进行,与三维环形阵列的主要区别在于只需拾取一个点作为阵列中心。

选定"俯视"视口作为当前窗口→拾取右侧肋板→单击"修改"工具栏中的"环形阵列"按钮→拾取阵列中心→菜单栏增加"阵列创建"菜单→修改阵列"项目数"为"3"→按两次<Enter>键→完成环形阵列,如图7-96所示。

(3) 三维矩形阵列

1) 创建三维矩形阵列基本模型。选定"东北等轴测"视口作为当前工作窗口→单击"长方体"按钮→将指针移至"俯视"视口→单击确定起点并拖动鼠标指针→输入长度值"50"→按<Tab>键输入宽度值"50"→按<Enter>键→输入高度值"50"→按<Enter>键→完成50mm×50mm×50mm立方体模型的创建,如图7-97所示。

2) 三维矩形阵列应用。选定"东北等轴测"视口为当前工作窗口→输入"3DAR"→按<Enter>键→拾取立方体→按<Enter>键→在弹出的下拉列表中点选"矩形(R)"命令→输入行数"6"→按<Enter>键→输入列数"4"→按<Enter>键→输入层数"2"→按<Enter>键→输入行间距值"70"→按<Enter>键→输入列间距值"70"→按<Enter>键→输入层间距值"70"→按<Enter>键→完成三维矩形阵列,如图7-98所示。

a) 拾取阵列对象

b) 单击"环形阵列"按钮

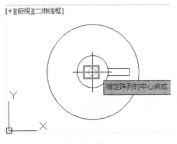

c) 拾取阵列中心

d) 修改阵列"项目数"为"3"，按两次<Enter>键

e) 完成阵列

图7-96　二维环形阵列在三维模型中的应用

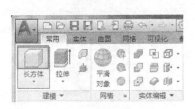

a) 单击"长方体"按钮

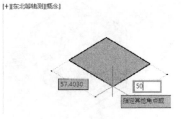

b) 输入长度值"50"，按<Tab>键

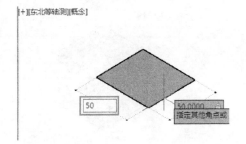

c) 输入宽度值"50"，按<Enter>键

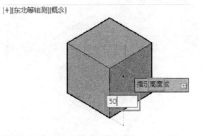

d) 输入高度值"50"，按<Enter>键

图7-97　创建立方体

e) 完成立方体的创建

图 7-97　创建立方体（续）

（4）二维矩形阵列在三维模型阵列中的应用　二维矩形阵列同样可以应用于三维模型中，主要参数项为列数、行数、级别数及各自对应的间距值，其中的级别即层级数，二维矩形阵列中同样可以控制阵列的列、行、层三个方向。

以图 7-97 所示的立方体模型为例进行讲解应用。

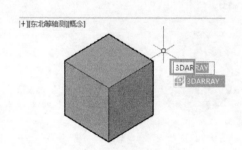

a) 在"东北等轴测"视口输入"3DAR"，按<Enter>键

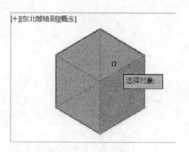

b) 拾取立方体为阵列对象，按<Enter>键

c) 点选"矩形(R)"命令

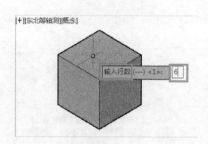

d) 输入阵列行数"6"，按<Enter>键

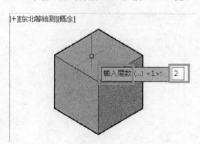

e) 输入阵列列数"4"，按<Enter>键

f) 输入阵列层数"2"，按<Enter>键

图 7-98　三维矩形阵列应用

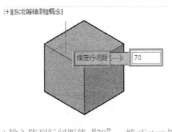

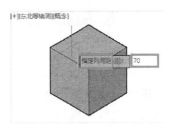

g) 输入阵列行间距值"70"，按<Enter>键

h) 输入阵列列间距值"70"，按<Enter>键

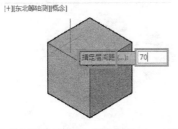

i) 输入阵列层间距值"70"，按<Enter>键

j) 完成三维矩形阵列

图7-98 三维矩形阵列应用（续）

选定"俯视"视口为当前窗口→拾取"俯视"视口中的正方形图样→单击"修改"工具栏中的"矩形阵列"按钮→菜单栏中增加"阵列创建"菜单→修改"列数"项参数为"6"→修改列间距项"介于"的参数为"70"→修改"行数"项参数为"4"→修改行间距项"介于"的参数为"70"→修改层级数项"级别"的参数为"2"→修改层级间距项"介于"的参数为"70"→按<Enter>键→完成二维矩形阵列在三维模型中的应用，如图7-99所示。

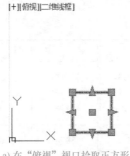

a) 在"俯视"视口拾取正方形

b) 单击"矩形阵列"按钮

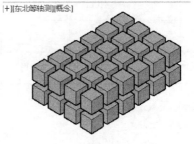

c) 设置列、行、层级参数，按<Enter>键

d) 完成阵列应用

图7-99 二维矩形阵列在三维模型阵列中的应用

任务 7　篮球架模型的创建

任务描述

图 7-100 所示为某篮球架模型，综合应用三维模型创建、编辑工具创建篮球架各部分结构模型并进行组装、渲染。

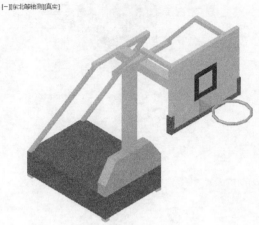

[−][东北等轴测][真实]

图 7-100　篮球架模型

思路引导

1. 应用"拉伸"指令创建底座、底座支脚、连座支撑台、支架和篮板等，篮板包边应用"扫掠"指令创建。

2. 应用基本体"圆环体"指令创建篮球框，应用"拉伸"指令创建篮球框，篮球框支架上的螺栓孔应用"布尔运算"中的"差集"指令创建。

3. 应用"拉伸"和"布尔运算"中的"差集"指令创建篮板中心。

4. 应用"拉伸""UCS""布尔运算""扫掠""螺旋线"和"旋转"等指令创建螺栓和螺母。

学习新指令

UCS 创建与编辑。

工具箱

名　　称	图　标	备　　注	名　　称	图　标	备　　注	名　　称	图　标	备　　注
拉伸	拉伸	EXT	UCS		UCS	编辑多段线		PE
旋转	旋转	REV	阵列		AR	镜像	镜像	MI
扫掠	扫掠	SW	直线	直线	L	移动	移动	M
螺旋线		HELI	圆	圆	C	修剪		TR
并集		UNI	矩形		REC			
差集		SU	多边形	多边形	POL			

任务步骤

1. 视口调整

选用"多视口"模式，分别设置"前视""俯视""左视""轴测"四个窗口，其中

"轴测"视口调整为"东北等轴测",视觉样式调整为"概念",采用"WCS"。

2. 底座的创建

1)根据图7-101所示图样及标注尺寸,在"前视"视口创建底座截面特征草图,如图7-102所示。

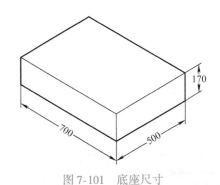

图7-101　底座尺寸

图7-102　在"前视"视口创建底座截面特征草图

2)应用"拉伸"指令将图7-102所示截面特征草图拉伸成为模型,拉伸距离为700mm,拉伸创建的底座模型如图7-103所示。

3. 底座支脚的创建

1)根据图7-104所示图样及标注尺寸,在"前视"视口创建底座支脚截面特征草图,如图7-105所示。

2)应用"拉伸"指令将图7-105所示截面特征草图拉伸成为模型,拉伸距离为40mm,拉伸创建的底座支脚模型如图7-106所示。

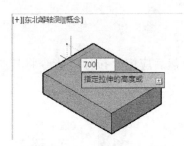

图7-103　拉伸创建的底座模型

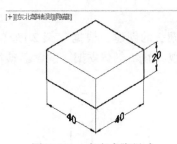

图7-104　底座支脚尺寸

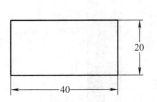

图7-105　在"前视"视口创建底座支脚截面特征草图

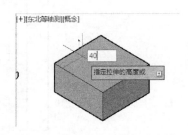

图7-106　拉伸创建的底座支脚模型

4. 连座支撑台的创建

1)根据图7-107所示图样及标注尺寸,在"前视"视口创建连座支撑台截面特征草图，并应用"编辑多段线"指令将草图中多条相连的独立线段合并成一个封闭整体，如图 7-108 所示。

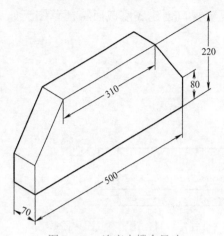

图 7-107　连座支撑台尺寸

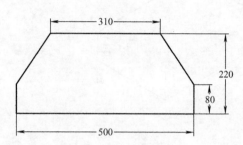

图 7-108　在"前视"视口创建连座支撑台截面特征草图

2）应用"拉伸"指令将图 7-108 所示截面特征草图拉伸成为模型，拉伸距离为 70mm，拉伸创建的连座支撑台模型如图 7-109 所示。

5. 支架的创建

（1）支架 1 的创建　根据支架 1 图样及标注尺寸，在"前视"视口创建支架 1 的截面特征草图，然后应用"拉伸"指令将其拉伸成为模型，如图 7-110 所示。

（2）支架 2 的创建　根据支架 2 图样及标注尺寸，在"前视"视口创建支架 2 的截面特征草图，然后应用"拉伸"指令将其拉伸成为模

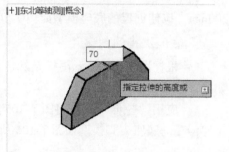

图 7-109　拉伸创建的连座支撑台模型

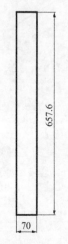

a) 在"前视"视口创建支架1的截面特征草图

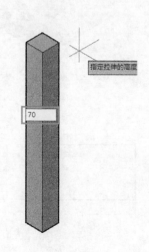

b) 拉伸创建支架1

图 7-110　支架 1 的创建

型，再应用"差集"指令创建支架 2 连接板上的螺栓孔，如图 7-111 所示。

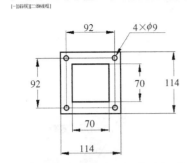

a) 在"前视"视口创建支架2的截面特征草图

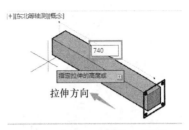

b) 拉伸70mm×70mm正方形

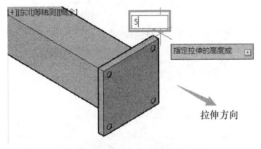

c) 拉伸114mm×114mm正方形及φ9圆

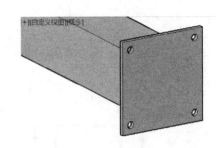

d) 应用"差集"指令创建螺栓孔

图 7-111　支架 2 的创建

（3）支架 3 的创建　根据支架 3 图样及标注尺寸，在"左视"视口创建支架 3 的截面特征草图，然后应用"拉伸"指令将其拉伸成为模型，如图 7-112 所示。

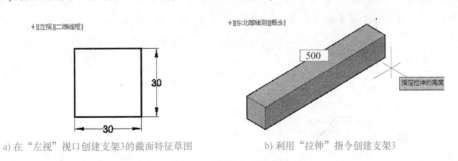

a) 在"左视"视口创建支架3的截面特征草图

b) 利用"拉伸"指令创建支架3

图 7-112　支架 3 的创建

（4）支架 4 的创建　根据支架 4 图样及标注尺寸，在"左视"视口创建支架 4 的截面特征草图，然后应用"拉伸"指令将其拉伸成为模型，如图 7-113 所示。

（5）支架 5 的创建　根据支架 5 图样及标注尺寸，在"左视"视口创建支架 5 的截面特征草图，然后应用"拉伸"指令将其拉伸成为模型，如图 7-114 所示。

（6）支架 6 的创建　根据支架 6 图样及标注尺寸，在"左视"视口创建支架 6 的截面特征草图，并利用"编辑多段线"指令将线条合并，然后应用"拉伸"指令将其拉伸成为模型，如图 7-115 所示。

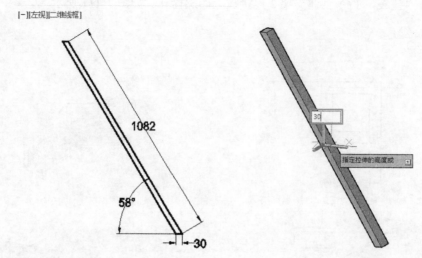

a) 在"左视"视口创建支架4的截面特征草图　　　　b) 利用"拉伸"指令创建支架4

图 7-113　支架 4 的创建

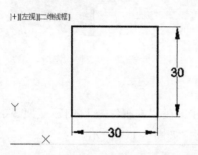

a) 在"左视"视口创建支架5的截面特征草图

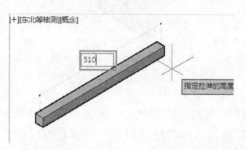

b) 利用"拉伸"指令创建支架5

图 7-114　支架 5 的创建

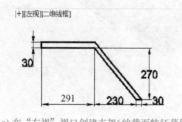

a) 在"左视"视口创建支架6的截面特征草图

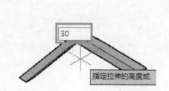

b) 利用"拉伸"指令创建支架6

图 7-115　支架 6 的创建

6. 篮板的创建

根据篮板图样及标注尺寸，在"前视"视口创建篮板的截面特征草图，然后应用"拉伸"指令将其拉伸成为模型，然后应用"差集"指令创建篮板螺栓孔，如图 7-116 所示。

7. 篮板包边的创建

篮板包边的前视图主要为 U 形，可用于创建路径；俯视图主要是篮板包边的截面特征，

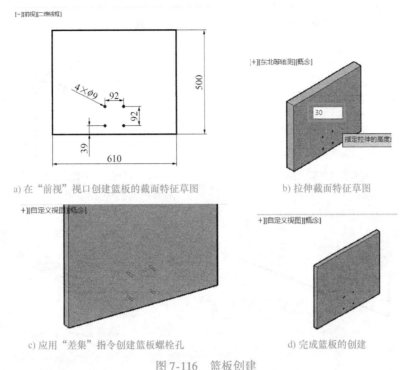

a) 在"前视"视口创建篮板的截面特征草图   b) 拉伸截面特征草图

c) 应用"差集"指令创建篮板螺栓孔   d) 完成篮板的创建

图 7-116 篮板创建

可用于创建扫掠用的截面特征草图，即扫掠对象。

（1）创建扫掠对象 选定"俯视"视口作为当前窗口，根据篮板包边截面特征草图及标注尺寸创建扫掠对象，并应用"编辑多段线"指令将各段截面线段合并为整体，如图 7-117 所示。

（2）创建扫掠路径 选定"前视"视口作为当前窗口，创建篮板包边路径，并应用"编辑多段线"指令将各段路径线段合并为整体，如图 7-118 所示。

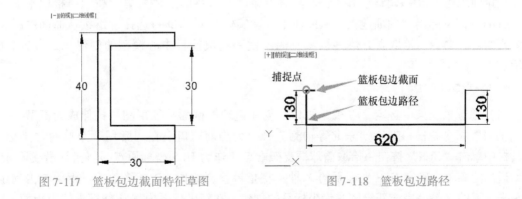

图 7-117 篮板包边截面特征草图   图 7-118 篮板包边路径

（3）应用扫掠创建篮板包边模型 单击"扫掠"按钮→选择截面特征草图为扫掠对象→按 <Enter> 键→单击路径线段为扫掠路径→完成篮板包边模型的创建，如图 7-119 所示。

a) 单击"扫掠"按钮

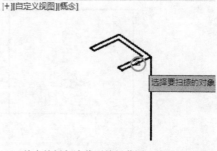

b) 单击篮板包边截面特征草图，按<Enter>键

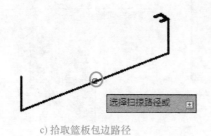

c) 拾取篮板包边路径

d) 完成篮板包边模型的创建

图 7-119　篮板包边创建

8. 篮板中心的创建

根据篮板中心图样及标注尺寸，创建篮板中心模型。篮板中心实际上是利用油漆绘制在篮球板上的，理论上不属于实体模型，为了表现篮球架效果，此处应用开放线段拉伸为平面，再创建内部空心区域大小的立方体，应用布尔运算创建篮板中心。

选定"俯视"视口为当前窗口→创建长为 200mm 的线段→应用"拉伸"指令将线段拉伸成为平面，拉伸距离为 200→在"前视"视口创建 120mm × 120mm 的正方形→拉伸为立方体，拉伸距离为 20→调整立方体，使其居中穿过平面→单击"差集"按钮→拾取平面→按 < Enter > 键→弹出"曲面建模 – 从曲面中减除实体"对话框→选择"继续从曲面中减去实体或曲面"命令→拾取立方体→按 < Enter > 键→完成篮板中心模型的创建，如图 7-120 所示。

9. 篮球框的创建

（1）篮球框支架　选定"左视"视口→创建篮球框截面特征草图→拉伸成为模型→应用"抽壳"指令挖槽→选定"东北等轴测"视口为当前窗口→在"常用"菜单的"坐标"工具栏中单击"UCS"按钮→拾取篮球框支架端点 *A* 作为 UCS 坐标原点→将指针沿线段 *AB* 移动适当距离单击确定 UCS 坐标系的 *X* 轴→将指针移至线段 *AD* 上移动适当距离单击确定 UCS 坐标系的 *Y* 轴→完成新绘图参考坐标系的创建→在新坐标系内（篮球框支架内板面上）创建螺栓孔平面特征草图→应用"拉伸"指令将螺栓孔平面特征草图拉伸为实体模型→单击"差集"按钮→单击篮球框支架→按 < Enter > 键→拾取螺栓孔实体→按 < Enter > 键→完成篮球框支架的创建，如图 7-121 所示。

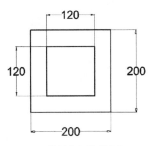

a) 篮板中心模型尺寸

b) 在"俯视"视口创建线段

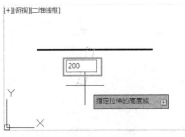

c) 拉伸线段为平面

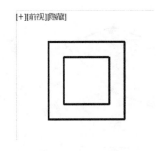

d) 在"前视"视口创建120mm×120mm正方形

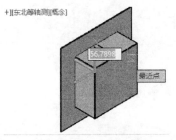

e) 拉伸120mm×120mm 正方形

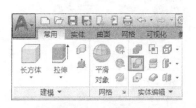

f) 单击"差集"按钮

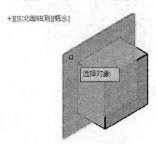

g) 拾取平面，按<Enter>键

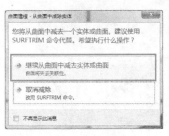

h) 选择第一项

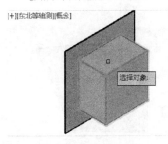

i) 拾取立方体，按<Enter>键

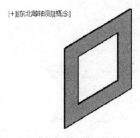

j) 完成篮板中心模型的创建

图 7-120　篮板中心模型的创建

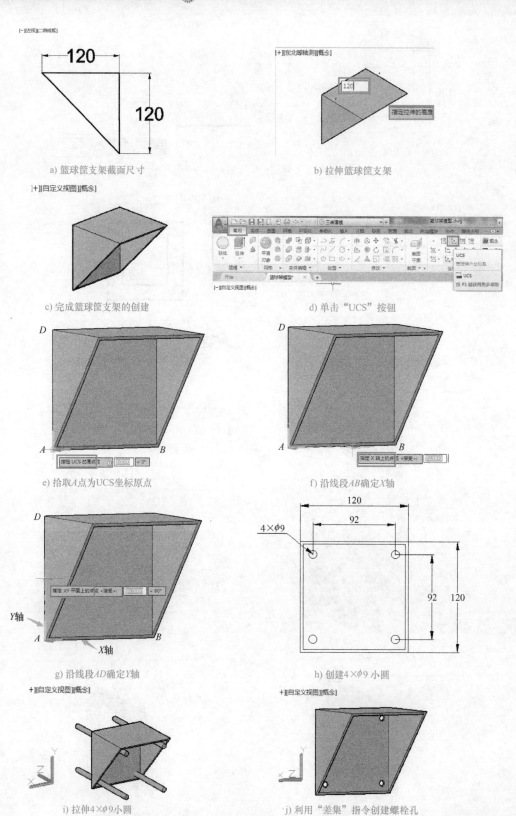

a) 篮球筐支架截面尺寸

b) 拉伸篮球筐支架

c) 完成篮球筐支架的创建

d) 单击"UCS"按钮

e) 拾取A点为UCS坐标原点

f) 沿线段AB确定X轴

g) 沿线段AD确定Y轴

h) 创建4×φ9小圆

i) 拉伸4×φ9小圆

j) 利用"差集"指令创建螺栓孔

图 7-121　篮球框支架的创建

＜记要＞：

　　UCS 坐标系又称为用户坐标系，是参考世界坐标系或已创建模型的边线、端点灵活创建的相对坐标系，可方便二维草图的创建。UCS 坐标系主要由坐标原点、X 轴、Y 轴和 Z 轴四个部分组成，已创建的 UCS 坐标系被选中时，可以拖动原点、轴端节点进行灵活地调整，UCS 坐标系如图 7-122 所示。

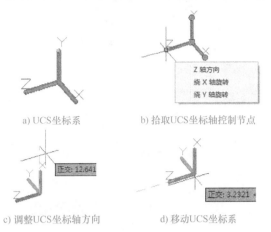

a) UCS坐标系　　　　b) 拾取UCS坐标轴控制节点

c) 调整UCS坐标轴方向　　d) 移动UCS坐标系

图 7-122　UCS 坐标系

　　（2）篮球框环　选定"俯视"视口为当前工作窗口→将视口右侧立方体下方的坐标系类型更改为"WCS"→单击"圆环体"按钮→创建中心直径为 250mm、管直径为 20mm 的圆环体→完成篮球框环的创建，如图 7-123 所示。

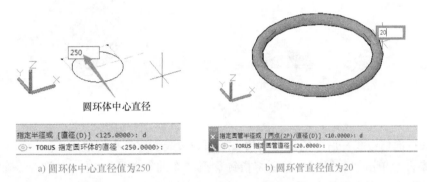

a) 圆环体中心直径值为250　　　　b) 圆环管直径值为20

图 7-123　篮球框环的创建

10. 螺栓的创建

　　图 7-124 所示为螺栓平面结构图，根据图中标注的尺寸，应用"拉伸""UCS""扫掠"和"布尔运算"等指令创建螺栓模型。

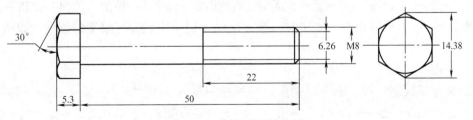

图 7-124　螺栓平面结构图

　　（1）创建六角头　选定"轴测"视口为当前工作窗口，调整 UCS 坐标系→单击"多边形"按钮→输入侧面数"6"→按＜Enter＞键→单击确定中心→点选"内接于圆（T）"命令→输入圆半径值"7.19"→按＜Enter＞键→单击"拉伸"按钮→单击六边形→按＜Enter＞键→输入拉伸距离值"5.3"→按＜Enter＞键→完成螺杆六角头的创建，如图 7-125 所示。

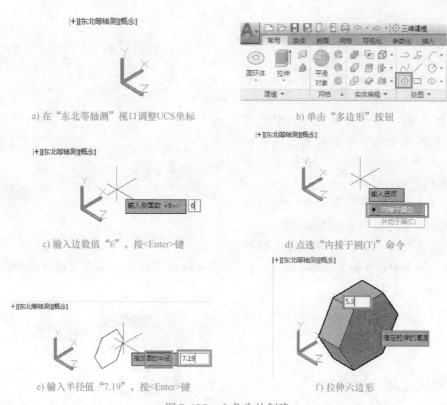

a) 在"东北等轴测"视口调整UCS坐标　　　　　b) 单击"多边形"按钮

c) 输入边数值"6"，按<Enter>键　　　　　d) 点选"内接于圆(T)"命令

e) 输入半径值"7.19"，按<Enter>键　　　　　f) 拉伸六边形

图 7-125　六角头的创建

六角头端面切边线在后续的螺母六角头端面切边线创建流程创建。

（2）螺杆　单击"直线"按钮→将指针移至"东北等轴测"视口内单击，确定为新工作窗口→拾取六角头模型前表面上边线中点"A"→拾取前表面下边线中点"B"→完成线段 AB 的创建→单击"直线"按钮→拾取前表面左端点"C"→拾取前表面右端点"D"→完成线段 CD 的创建→单击"UCS"按钮→将指针移至 AB 和 CD 线段交点处单击，确定为UCS 坐标原点→拾取 C 点确定 X 轴方向→拾取 A 点确定 Y 轴方向→完成 UCS 坐标系的创建→单击"圆"按钮→拾取 UCS 坐标原点为圆心→输入字母"d"→按 < Enter > 键→输入直径值"8"→按 < Enter > 键→完成螺杆截面特征圆的创建→选中圆→单击"拉伸"按钮→将指针往前侧移动→输入拉伸距离值"50"→按 < Enter > 键→完成螺杆模型的创建，如图 7-126 所示。

（3）螺纹

1）创建螺纹路径线。单击"倒角边"按钮→输入字母"d"→按 < Enter > 键→输入"1"→按 < Enter > 键→输入"1"→按 < Enter > 键→拾取螺杆前端圆周线→按两次 < Enter > 键→完成螺杆倒角→单击"UCS"按钮→单击捕捉螺杆前端面圆心 O 为 UCS 坐标原点→拾取左象限点确定 X 轴方向→拾取上象限点确定 Y 轴方向→完成 UCS 坐标系的创建→单击"直线"按钮→拾取 UCS 坐标原点为起点→打开"正交"模式→将指针沿 Z 轴负方向移动→输入"3"→按两次 < Enter > 键→确定线段 OE→在"常用"菜单中"绘图"工具栏单击"螺旋线"按钮→拾取线段 OE 的 E 点为中心→输入底面螺旋半径值"3.13"→按 < Enter > 键→

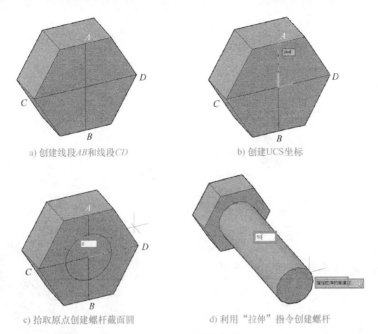

a) 创建线段*AB*和线段*CD*　　　　　　　b) 创建UCS坐标

c) 拾取原点创建螺杆截面圆　　　　　　d) 利用"拉伸"指令创建螺杆

图 7-126　螺杆创建

输入顶面螺旋半径值"3.13"→按 < Enter > 键→缩小"轴测"视口,将指针沿 *Z* 轴正方向移动,改变螺旋线延伸方向→命令行提示"HELIX 指定螺旋高度或[轴端点(A)圈数(T)圈高(H)扭曲(W)]< 1.0000 >:"→输入字母"t"→按 < Enter > 键→输入圈数"25"→按 < Enter > 键,将指针沿 *Z* 轴负方向移动使螺旋线反向→输入字母"h"→按 < Enter > 键→输入圈间距值"1"→按 < Enter > 键→完成螺纹路径线的创建,如图 7-127 所示。

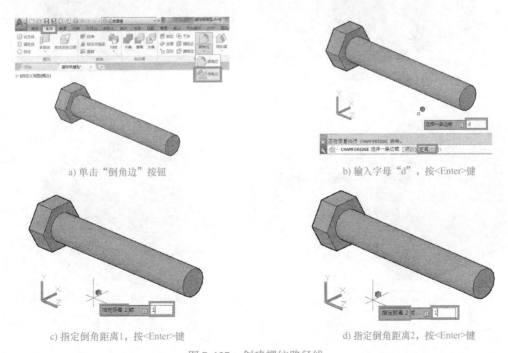

a) 单击"倒角边"按钮　　　　　　　　　　b) 输入字母"d",按<Enter>键

c) 指定倒角距离1,按<Enter>键　　　　　d) 指定倒角距离2,按<Enter>键

图 7-127　创建螺纹路径线

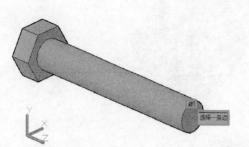

e) 选中圆柱边，按两次<Enter>键

f) 完成倒角边的创建

g) 单击"UCS"按钮

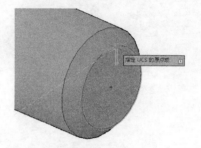

h) 将指针移至螺杆端面圆周线上，出现圆心

i) 拾取圆心为UCS坐标原点

j) 拾取左象限点确定X轴方向

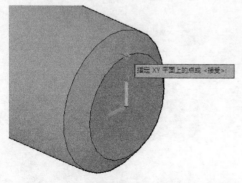

k) 拾取上象限点确定Y轴方向

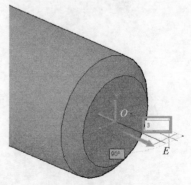

l) 以O点为起点沿Z轴负方向创建线段OE

图7-127 创建螺纹

m) 单击"螺旋线"按钮

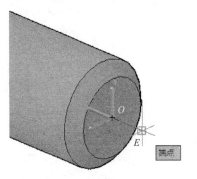

n) 单击捕捉E点为中心

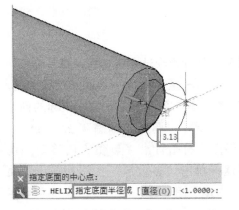

o) 输入底面螺旋半径值"3.13",按<Enter>键

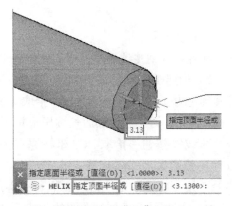

p) 输入顶面螺旋半径值"3.13",按<Enter>键

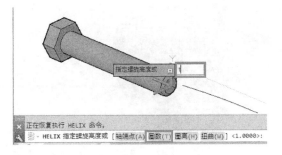

q) 输入字母"t",按<Enter>键

r) 输入圈数"25",按<Enter>键

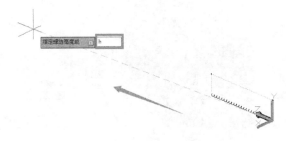

s) 将指针沿Z轴负方向移动,输入字母"h",按<Enter>键
路径线(续)

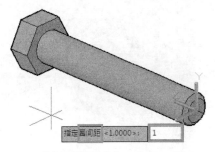

t) 输入圈间距值"1",按<Enter>键

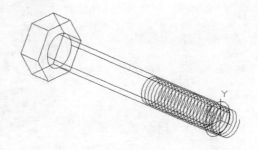

u) 完成螺旋线的创建

图 7-127　创建螺纹路径线（续）

＜记要＞：

在螺旋线创建过程中，螺旋线的旋进方向通过移动指针沿旋进方向轴线移动来确定。

2）创建螺纹截面特征草图。拾取 1）中已创建的 UCS 坐标原点→拾取螺纹线的起点，将其确定为新的 UCS 坐标原点→拾取 X 轴端节点调整 X 轴位置→完成新 UCS 坐标的创建→长按＜Shift＞键不放，随后长按压滚轮不放并移动鼠标指针→调整"轴测"视口方位→单击"直线"按钮→拾取 UCS 坐标原点为线段 OF 起点→将指针沿 X 轴负方向移动→输入"1"→按两次＜Enter＞键→确定辅助线段 OF 创建→单击"多边形"按钮→输入侧面数"3"→按＜Enter＞键→拾取 F 点为中心点→点选"内接于圆（I）"命令→拾取 O 点确定正三边形，即螺纹截面特征草图的创建，如图 7-128 所示。

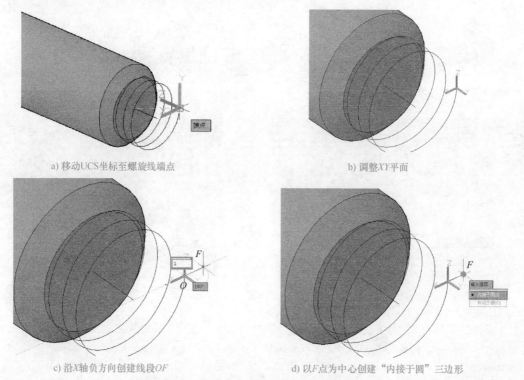

a) 移动UCS坐标至螺旋线端点

b) 调整XY平面

c) 沿X轴负方向创建线段OF

d) 以F点为中心创建"内接于圆"三边形

图 7-128　螺纹截面特征草图的创建

262

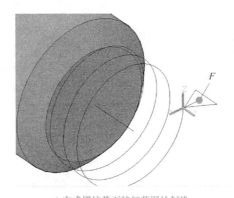

e) 完成螺纹截面特征草图的创建

图 7-128 螺纹截面特征草图的创建（续）

<记要>：

螺纹路径起点超出螺杆部分，是为了保证充足的切削余量，从而形成良好的螺纹。

3）螺纹制作。

① 扫掠创建切削体。单击"扫掠"按钮→拾取 2）中已创建的螺纹截面特征草图→按 <Enter>键→命令行提示"SWEEP 选择扫掠路径或［对齐（A）基点（B）比例（S）扭曲（T）］:"→选择命令行提示信息中的"对齐（A）"命令→命令行出现新的提示"SWEEP 扫掠前对齐垂直于路径的扫掠对象［是（Y）否（N）］:"→选择提示中的"否（N）"命令→拾取 1）中已创建的螺纹路径线→完成螺纹截面特征草图扫掠建模，如图 7-129 所示。

a) 单击"扫掠"按钮

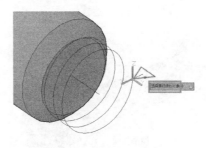

b) 拾取螺纹截面特征草图，按<Enter>键

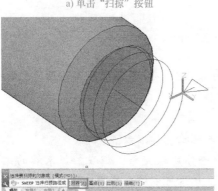

c) 选择"对齐(A)"命令

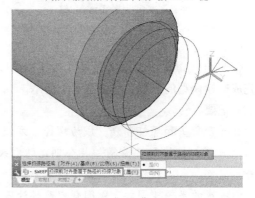

d) 选择"否(N)"命令

图 7-129 扫掠创建切削体

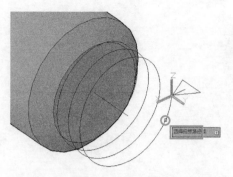
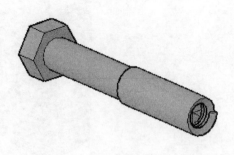

e) 拾取螺纹线为扫掠路径　　　　　　　　　　f) 完成螺纹截面特征草图扫掠建模

图 7-129　扫掠创建切削体（续）

② 差集。单击"差集"按钮→单击（2）中已创建的螺杆→按 < Enter > 键→拾取①中扫掠创建的切削体→按 < Enter > 键→完成螺纹切削制作，如图 7-130 所示。

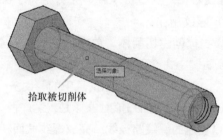

a) 单击"差集"按钮　　　　　　　　　　b) 拾取螺杆为被切削体，按<Enter>键

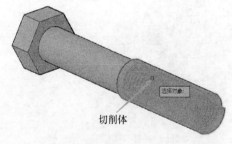
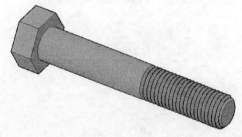

c) 拾取扫掠体为切削体，按<Enter>键　　　　　　　　　d) 完成螺纹制作

图 7-130　应用"差集"指令制作螺纹

（4）合成螺栓　单击"并集"按钮→拾取六角头模型→拾取螺杆模型→按 < Enter > 键→完成螺栓模型的创建，如图 7-131 所示。

< 记要 >:

合并六角头和螺杆部分，成为螺栓，方便后期的螺栓螺母配合。

应用"扫掠"和"差集"指令创建的螺纹部分整体比较完整，但在扫掠末端的细节部分并不完整，本次教程中对具体修缮不做详细讲解，读者可以综合应用绘图工具进行完善；

螺旋线的半径、圈数、圈间距以及螺纹三角形截面特征草图尺寸可参照普通螺纹参数、螺栓参数的计算值。

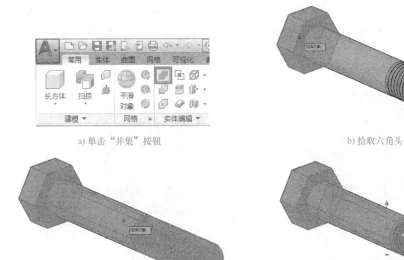

a) 单击"并集"按钮

b) 拾取六角头

c) 拾取螺杆，按<Enter>键

d) 合并后选中状态

图 7-131 合成螺栓

11. 螺母的创建

根据图 7-132 所示的螺母平面结构图创建螺母模型。

1）在"轴测"视口调整 UCS 坐标系，创建正六边形，外接圆直径为 14.38mm，拉伸距离为 6.8mm，如图 7-133 所示。

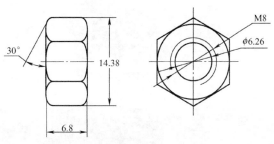

图 7-132 螺母平面结构图

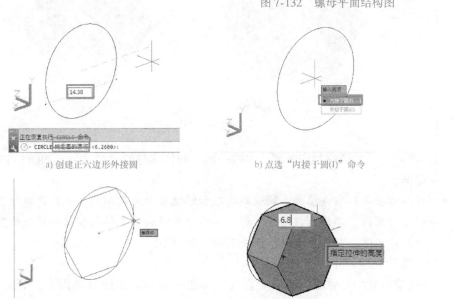

a) 创建正六边形外接圆

b) 点选"内接于圆(I)"命令

c) 创建正六边形

d) 拉伸正六边形

图 7-133 拉伸创建六棱柱

2）创建直径为 6.26mm 的圆柱穿过 1）中创建的六棱柱，应用布尔运算"差集"指令创建螺纹孔，再应用"倒角边"指令创建螺纹孔倒角边，倒角距离值取 1mm，如图 7-134 所示。

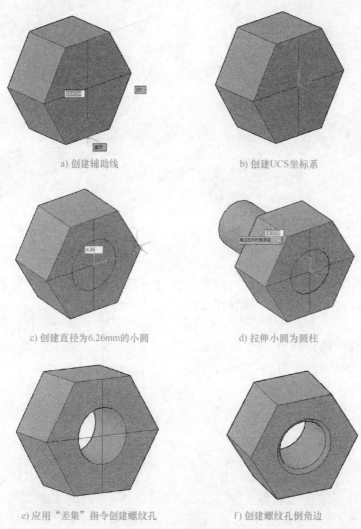

a) 创建辅助线

b) 创建UCS坐标系

c) 创建直径为6.26mm的小圆

d) 拉伸小圆为圆柱

e) 应用"差集"指令创建螺纹孔

f) 创建螺纹孔倒角边

图 7-134　创建螺纹孔

3）参照螺杆的螺纹制作步骤，参数一致，制作螺母的螺纹部分，如图 7-135 所示。

＜记要＞：

螺母与螺栓是标准连接件，螺纹的螺距和螺纹截面参数相同，但创建螺纹截面时方向相反，螺栓为外螺纹，螺母为内螺纹。因此，螺杆的螺旋线直径与螺母的螺旋线直径不同，详细参数计算请读者查阅相关资料，此处不做详细讲解。

（4）端面切边制作

1）创建旋转中心轴线。单击"直线"按钮→分别连接螺母端面上、下边线中点 A、B 和左、右端点 C、D→单击"直线"按钮→拾取线段 AB 和 CD 的交点 O 为起点，沿 Z 轴方向创建任意长度的线段 OE→完成旋转中心轴线的创建，如图 7-136 所示。

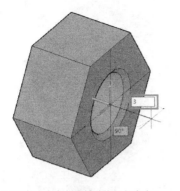

a) 沿Z轴负方向创建辅助线，长度为3mm

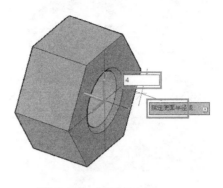

b) 螺旋线底面中心圆半径为4mm

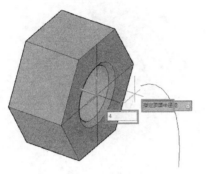

c) 螺旋线顶面中心圆半径为4mm

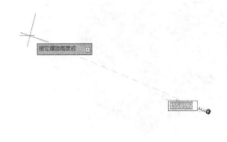

d) 将指针沿Z轴正方向移动调整螺旋线反向

e) 输入字母"h"，按<Enter>键

f) 输入圈数"15"，按<Enter>键

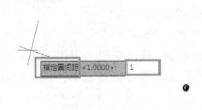

g) 输入圈间距值"1"，按<Enter>键

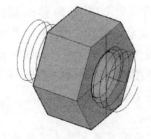

h) 完成螺旋线的创建

图 7-135 创建螺母内螺纹

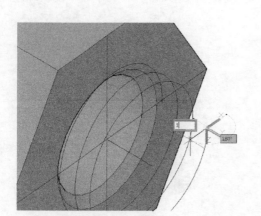

i) 沿X轴负方向创建1mm长的辅助线

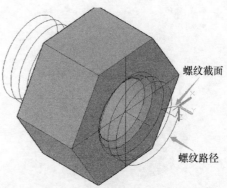

螺纹截面

螺纹路径

j) 以辅助线端点为中心创建正三边形

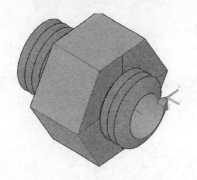

k) 应用"扫掠"指令创建螺纹切削体

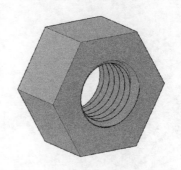

l) 应用"差集"指令创建螺纹

图 7-135　创建螺母内螺纹（续）

2）创建旋转特征截面草图。拾取 UCS 坐标系的 Y 轴端节点，调整 UCS 坐标系→选择"轴测"视口右上角的视口立方体方位按钮"上"→视口转正→单击"直线"按钮→拾取 O 点为起点，沿 Y 轴负方向创建 12mm 的线段 OF→以 F 点为圆心，创建半径为 12mm 的圆→调整视口"视觉样式"为"二维线框"→创建辅助线找到 G 点→单击"直线"按钮→拾取 G 点为起点→将指针往左上角移动超出轮廓线适当距离→按 <Tab> 键切换至角度值，修改为"150"→按两次 <Enter>

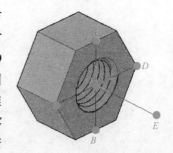

图 7-136　创建旋转中心轴线

键→以该斜线为基础，应用"直线"指令创建旋转特征截面草图→应用"编辑多段线"指令合并截面草图各线条为统一整体→应用"二维镜像"指令创建对称方向上的旋转特征截面草图，如图 7-137 所示。

< 记要 >：

旋转特征截面草图主要为直角三角形，斜边与端面边线夹角呈30°，边长无特定尺寸要求，只需直角三角形区域超出端面边线即可保证良好的切削效果。

3）应用旋转工具创建切削体。单击"旋转"按钮→拾取三角形为旋转对象→按 <Enter> 键→拾取 1）中已创建的旋转中心轴线 OE 上任意两点→输入旋转角度值360→按 <Enter> 键→完成旋转特征创建，如图 7-138 所示。

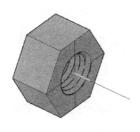

a) 调整UCS坐标系

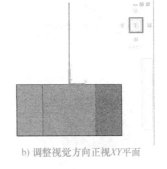

b) 调整视觉方向正视*XY*平面

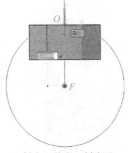

c) 创建*OF*线段，创建圆

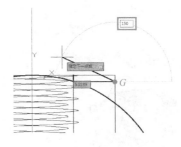

d) 创建辅助线找到*G*点，创建斜线

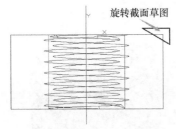

e) 以斜线为基础创建旋转特征截面草图

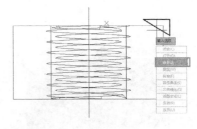

f) 应用"编辑多段线"指令合并截面特征草图为统一整体

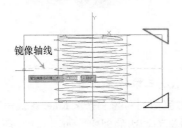

g) 应用"二维镜像"指令创建下侧对称旋转特征截面草图

图 7-137　创建旋转特征截面草图

＜记要＞：

也可以在第2) 步中不采用"二维镜像"功能，先完成一侧模型旋转，对称方向上的模型应用"三维镜像"进行复制，具体操作如下：

选定"轴测"视口为当前窗口→选中旋转特征模型→单击"三维镜像"按钮→打开"正交"模式→输入字母"ZX"→按＜Enter＞键→拾取六棱柱任一棱边线上中点 *F* 作为镜

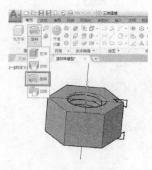

a) 单击"旋转"按钮

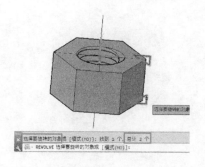

b) 拾取旋转特征截面草图

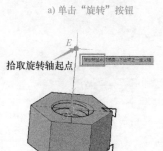

c) 在轴线 *OE* 上拾取旋转轴线起点

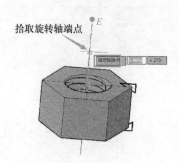

d) 在轴线 *OE* 上拾取旋转轴线端点

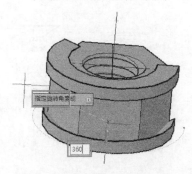

e) 输入旋转角度值"360",按<Enter>键

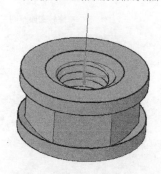

f) 完成旋转体的创建

图 7-138　应用"旋转"指令创建切削体

像平面 *ZX* 平面上的任意点→选择"否（N）"命令→完成三维镜像应用。

　　4）应用差集工具。单击"差集"按钮→拾取螺母为被切削对象→按 < Enter > 键→拾取 3)
中的两侧旋转特征作为切削体→按 < Enter > 键→完成螺母端面切边的创建，如图 7-139 所示。

　　<记要>：

　　螺栓、螺母的参数均参照相应国家标准查表选取，在此不做详细讲解，详细特征参数请
查阅相关资料。

　　12. 篮球架各部分进行组合

　　灵活应用"移动"指令、"镜像"指令、"阵列"指令或移动控件，选择模型的几何端
点或中心点，或应用"直线""圆"和"矩形"等指令创建辅助线，将底座支脚、底座和
连座支撑台等篮球架各部分进行组合拼装，如图 7-140 所示。

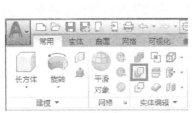

a) 单击"差集"按钮

拾取被切削对象

b) 单击被切削对象，按<Enter>键

拾取切削体

c) 单击切削体，按<Enter>键

d) 完成差集应用

图 7-139　应用"差集"指令创建螺母端面切边

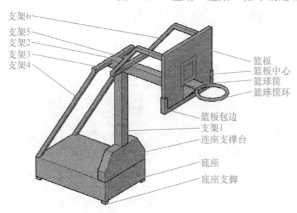

支架6
支架5
支架2
支架3
支架4

篮板
篮板中心
篮球筐
篮球筐环

篮板包边
支架1
连座支撑台

底座
底座支脚

a) 篮球架基本结构

b) 螺栓紧固连接

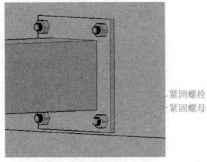

紧固螺栓
紧固螺母

c) 螺母紧固连接

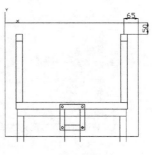

d) 支架6安装距离

图 7-140　篮球架各部分组合

13. 创建材质并添加材质至模型

通常篮球架材料表面均进行刷装处理，在此为增强模型的视觉效果，给已创建好的模型添加油漆材质。

单击"材质浏览器"按钮→单击 Autodesk 库右侧倒三角→在下拉列表中选择"油漆"命令→将油漆专栏中最后一项常规油漆添加至文档材质库→将指针移至文档材质库刚添加的"油漆"上方→右击→选择"重命名"命令→更改名称为"底座＋篮板包边"→单击右侧的"材质编辑"按钮→弹出"材质编辑器"对话框→将指针移至"图像"右侧预览窗口→右击→选择"删除图像"命令→单击"颜色"下拉列表框→弹出"选取颜色"对话框→拾取"绿色"→调节颜色区域右侧滑块，更改当前颜色的明暗度→单击"确定"按钮，退出"选择颜色"对话框→以此分别创建其余材质→将"轴测"视口视觉样式调整为"真实"→将创建好的材质分别指定到相应的模型上，如图 7-141 所示。

a) 单击"材质浏览器"按钮

b) 选择"油漆"命令

c) 将库材质添加至文档材质库

d) 重命名材质

图 7-141　创建材质并添加材质至模型

e) 单击"编辑材质"按钮　　　　f) 在"图像"预览窗口右击，选择"删除图像"命令

g) 单击"颜色"下拉列表框

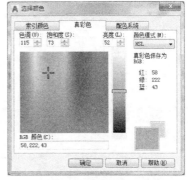

h) 拾取并编辑颜色

i) 创建其余材质

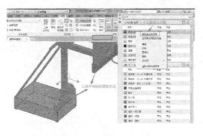

j) 将材质添加给指定模型

k) 添加底座和篮板包边材质

l) 完成材质添加后的模型

图 7-141　创建材质并添加材质至模型（续）

14. 文件保存

保存文件，根据实际需要进行模型的渲染输出。

大展身手

根据篮球架的各部分零件图形尺寸，尝试创建篮球架的各个部分零件，并最终装配组合成为一个整体。

項目8

图形数据的输入、输出与发布

应用 AutoCAD 2019 软件创建的二维、三维图形，后期在工程应用中通常需进行源文件的保存、图形打印，以方便文件的传输、编辑和查阅，因此需要对创建完成的二维或三维图形进行输入、保存、输出或者发布。

任务1 图形数据的输入

任务描述

应用 AutoCAD 2019 软件导入 SolidWorks、UG 或 3d Max 等绘图软件创建并保存的三维模型数据文件，另外尝试打开其他绘图软件创建并保存的图形数据文件，了解 AutoCAD 2019 软件与其他绘图软件之间的数据共享操作方法。

思路引导

1. 准备"＊.dwg""＊.3ds""＊.model""＊.iges""＊.prt""＊.pdf"等类型图形文件中的几种类型文件。
2. 启动 AutoCAD 2019 软件，新建一个绘图文件。
3. 在应用程序菜单中单击"输入"按钮，选择需要输入的文件。

学习新指令

输入。

工具箱

名称	图标
输入	输入

任务步骤

新建工作窗口→单击应用程序菜单按钮→在下拉菜单中单击"输入"按钮→单击右侧选项窗口中的"其他格式"按钮→弹出"输入文件"对话框→选择输入文件的路径→选择"文件类型（T）"→选择文件→单击"打开（O）"按钮，即可输入对应图形文件，如图8-1所示。

AutoCAD 2019 程序运行后，打开新的绘图界面，通常除了 AutoCAD 创建的常用"＊.dwg"格式文件，还可以导入"＊.3ds""＊.model""＊.iges""＊.prt"和"＊.pdf"等格式的图形文件，为图形数据在多种绘图软件中的共享应用提供便利。

a) 新建绘图窗口

b) 单击"其他格式"按钮

c) 选择输入的文件类型

d) 选择输入的文件

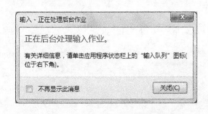

e) 弹出"输入-正在处理后台作业"对话框

f) 单击状态栏提示信息链接

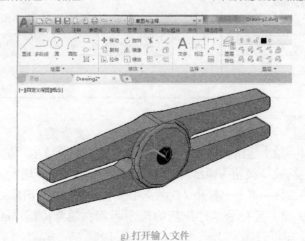

g) 打开输入文件

图8-1 图形数据输入

任务 2　图形数据的输出

对 AutoCAD 2019 软件已经创建好的图形文件进行打印输出，并将图形文件导出为"＊.dwf""＊.stl""＊.eps""＊.bmp"和"＊.iges"等格式类型中的任一项。

思路引导

1. 启动 AutoCAD 2019 软件，新建图形文件，或者打开已有的"＊.dwg"文件。
2. 单击应用程序菜单按钮，在下拉菜单中单击"打印"，设置打印方式。
3. 单击应用程序菜单按钮，在下拉菜单中单击"输出"，选择输出文件的格式类型。

学习新指令

打印；输出。

工具箱

名　称	图　标	名　称	图　标
打印	🖶打印	输出	⇥输出

任务步骤

1. 打印输出

AutoCAD 创建的二维或三维图形文件的输出形式主要为打印输出和存储。

（1）普通打印输出　图 8-2 所示为已完成的二维草图，现对其进行普通打印输出设置。

单击应用程序菜单按钮，在弹出的下拉菜单中单击"打印"按钮 🖶 或单击快速访问工具栏中的"打印"按钮 🖶 →弹出"打印 – 模型"对话框，如图 8-3 所示。

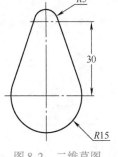

图 8-2　二维草图

在弹出的"打印 – 模型"对话框中可设置以下主要打印选项。

1)"打印机/绘图仪"选项组。"名称（A）"下拉列表框中选择打印机型号→单击右侧"特性（R）"按钮→弹出"绘图仪配置编辑器（High）.pc 3"对话框→选中"源和尺寸"项→在"介质源和尺寸"选项组中"尺寸（Z）"下方列表框中选取"ISO full bleed A4（210.00×297.00 毫米）"尺寸类型→单击"确定"按钮进行修改→弹出"修改打印机配置文件"对话框→单击"确定"按钮完成绘图仪特性编辑，同时"特性（R）"按钮下方的绘图仪尺寸预览窗口中显示当前选定图纸尺寸的预览图像，如图 8-4 所示。

当勾选"说明"项下方的"打印到文件（F）"复选按钮时，绘图仪尺寸预览窗口下方

a) 单击"打印"按钮

b)"打印-模型"对话框

图 8-3　打开"打印 – 模型"对话框

a) 选择打印机型号

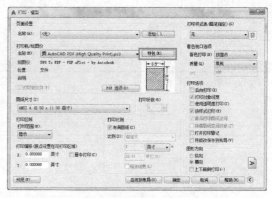

b) 单击"特性(R)"按钮

c) 选择尺寸类型

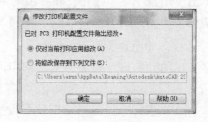

d) 保存修改配置

图 8-4　"打印机/绘图仪"选项组编辑

的"打印份数（B）"文本框变灰，此时不能修改打印份数，系统执行把图形打印到文件中的操作，并不打印到图纸上，执行打印后弹出"图形另存为"对话框，根据选择的不同类

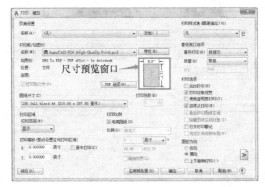

e) 尺寸预览窗口

图 8-4　"打印机/绘图仪"选项组编辑（续）

型打印机，可将该图形文件保存为"*.pdf""*.plt""*.dwf"和"*.png"等格式类型的文件，此类文件可在脱离 AutoCAD 的运行环境中执行预览和打印，方便图形文件在计算机或手机等设备上进行查看，也方便脱机打印。若是直接打印，则可不勾选"打印到文件"复选按钮，此时可以设置打印份数，如图 8-5 所示。

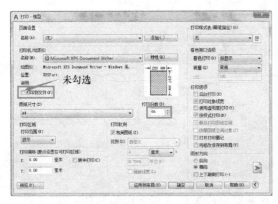

a) 未勾选，可设置打印份数　　　　　　　　　　　b) 已勾选，不可更改打印份数

图 8-5　设置"打印到文件"与"打印份数"

　　2)"图纸尺寸"选项组。用于选择打印机对应的标准打印纸张幅面尺寸，当在"打印机/绘图仪"选项组中修改"特性（R）"中的"介质源和尺寸"后，此处的"图纸尺寸（Z）"自动更新为"介质源和尺寸"中的选定尺寸参数，如图 8-6 所示。

　　3)"打印区域"选项组。设置打印范围，通常有"窗口""范围""图形界限"和"显示"四种打印的范围类型。

　　① 窗口。首次选择此项时，"打印 - 模型"对话框消失，返回至绘图工作界面，指针右下角显示提示信息"指定第一个角点"，单击并拖动鼠标指针产生矩形框选区域，矩形区域内图样即为指定打印的图样，单击确定第二点后，"打印 - 模型"对话框重新弹出，右侧出现 窗口(0)< 按钮，再次单击该按钮时："打印 - 模型"对话框消失，此时指针可以在绘图区移动，可重新框选打印区域，如图 8-7 所示。

　　② 范围。整个绘图区内的所有图形分布区域。

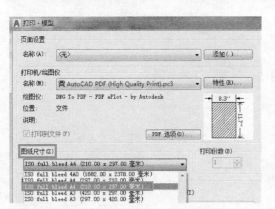
a) 从"图纸尺寸(Z)"项选择图纸尺寸

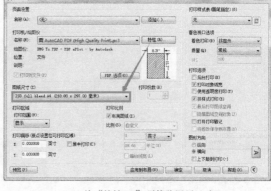
b) 从"特性(R)"项修改图纸尺寸

图 8-6　"图纸尺寸"修改

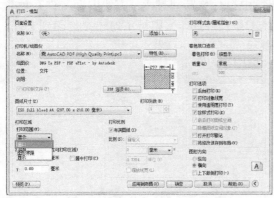
a)"打印范围(W)"选择"窗口"

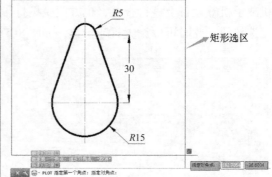
b) 框选打印区域

图 8-7　窗口打印范围设置

③ 图形界限。整个绘图区内的所有图形分布于设定的界限范围之内的部分。

④ 显示。绘图区内当前视口的显示图形。

4）"打印偏移"选项组。勾选"居中打印（C）"复选按钮时，选定图形居中分布于打印的图纸上；不勾选"居中打印（C）"复选按钮时，可分别设置选定的图形在 X 轴和 Y 轴方向的整体偏移分布，如图 8-8 所示。

5）"打印比例"选项组。用于设定图形在打印图纸上的分布比例，也可勾选"布满图纸（I）"复选按钮。

6）"打印样式表（画笔指定）（G）"选项组。该选项组用于选择或创建打印样式，右侧是打印样式表编辑器按钮，打印样式表编辑器中罗列出 255 种颜色的打印样式，该编辑器中可以自定义编辑各种打印样式的特性，设定打印替换的线型、线宽和颜色等，其中常用的"淡显（I）"值主要用于控制打印的图样线条颜色明暗程度，数字越大，打印出的线条颜色越浓，反之则淡。默认值为最高值100，当设定为 0 时，图形颜色按白色打印于图纸上；当设定为 100 时，则按显示的真实颜色打印，使用"淡显（I）"功能时需同时打开"抖动（D）"项，通常保持默认参数，如图 8-9 所示。

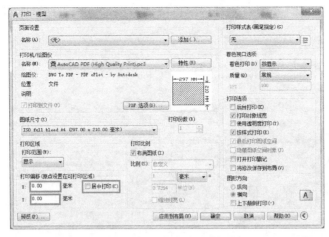

图 8-8　"打印偏移"选项组设置

a) 选择已有打印样式表

b) 指定当前打印样式表应用范围

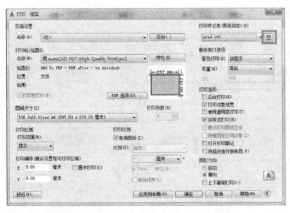

c) 单击"打印样式表编辑器"按钮

d) 弹出"打印样式表编辑器"对话框

图 8-9　"打印样式表"设置

7）"着色视口选项"选项组。着色视口选项只用于设定打印图形的样式和打印质量，如图8-10所示。

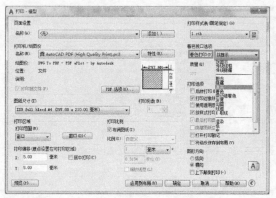

a) 设定"着色打印"类型   b) 设定质量

图8-10   "着色视口选项"设置

①"着色打印（D）"。用于设置图形的打印显示类型，主要有"概念""隐藏""真实""着色""灰度""勾画"和"二维线框"等图形显示类型。

②"质量（Q）"。用于设置打印的质量类型，主要有"草稿""预览""常规""演示""最高"和"自定义"六项。其中的"自定义"项可灵活设定打印分辨率，分辨率的最大值为当前打印设备的最大分辨率值。

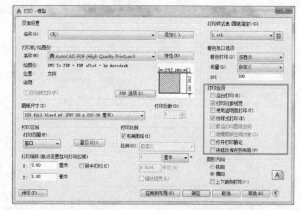

图8-11   "打印选项"设置

8）"打印选项"选项组。该选项组中均为复选按钮，根据打印图形的实际需要，对"打印对象线宽""使用透明度打印（T）""按样式打印（E）"和"打开打印戳记"等进行选择，如图8-11所示。

9）"图形方向"选项组。共有"纵向""横向"和"上下颠倒打印"三种类型，用于确定图形在图纸上的排列方向，右侧是图形方向预览按钮，如图8-12所示。

10）"预览（P）"按钮。用于打开当前打印设置下的图形打印结果预览窗口，如图8-13所示。

11）"应用到布局（U）"按钮。用于将当前的打印设置保存到当前布局打

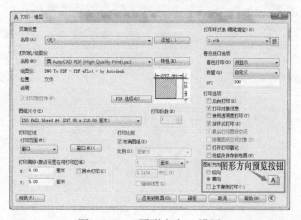

图8-12   "图形方向"设置

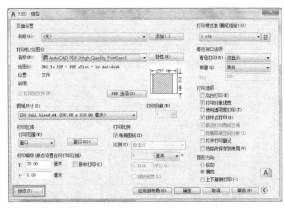
a) 单击"预览(P)"按钮

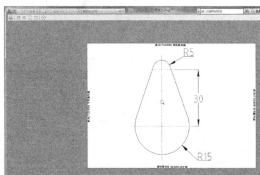
b) 预览图样

图 8-13　打印预览窗口

印设置。

12)"确定"按钮。单击"确定"按钮后即可执行当前的设置打印样式与图形的打印输出，或将当前打印的图形保存为文件形式。

(2) 模型打印输出　模型打印是针对模型空间内的图形进行打印输出，模型空间是 AutoCAD 2019 软件中比较常用的绘图空间。

模型空间可用于创建二维和三维图形，但在打印输出单个或多个视口中的不同或相同图形时，打印输出只执行选定的视口内图形打印。

针对模型空间，可通过模型空间的页面设置管理器创建多种打印样式，也可以对已有打印样式进行修改。

在绘图界面左下角选定"模型"为当前工作环境→将指针移至"模型"按钮上方→右击→在弹出的下拉列表中选择"页面设置管理器（G）"命令→弹出"页面设置管理器"对话框→单击"新建（N）"按钮→弹出"新建页面设置"对话框→设置新页面名称→单击"确定"按钮→弹出"页面设置 – 模型"对话框，设置完成后单击"确定"按钮返回"页面设置管理器"对话框，选中已创建的样式，右击后弹出"置为当前""重命名""删除"三个选项，也可以单击右侧"修改（M）"按钮对选中的样式重新更改参数，完成后单击"关闭"按钮退出"页面设置管理器"对话框，如图 8-14 所示。

如图 8-15 所示，对于已创建的模型打印样式，可以在"打印 – 模型"对话框中的"页面设置"选项组中选取，单击右侧的"添加（.）"按钮，可将当前选中的样式另存为新的样式并添加于"页面设置"中，可以在"页面设置管理器"对话框中进行修改。单击"打印"按钮→单击"确定"按钮，系统将按照已设置的模型打印样式执行当前模型打印。

(3) 布局打印输出　布局，即对图形进行排列分布，布局空间是 AutoCAD 2019 软件除了模型空间之外的第二种图形设计空间，在此可以设置多种布局样式，每一个布局样式中可以进行二维、三维图形创建，也可以对模型空间已创建的图形进行选择性排列，最后执行打印输出。

已设置好的布局样式，在下一次打印中可以直接调用，以节省重新设置参数和排版的时间。

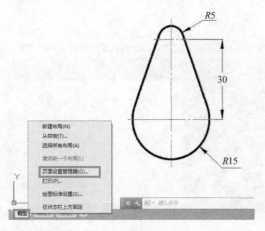

a) 右击"模型"按钮，选择"页面设置管理器"命令　　　　　　　b) 新建页面设置

c) 设置新页面名称　　　　　　　　d) "页面设置-模型"对话框

e) 页面样式编辑

图 8-14　模型打印样式设置

1）新建布局。系统通常默认的布局样式有"布局1"和"布局2"，控制按钮在工作界面左下角命令行的下方，右侧的"+"按钮用于新建布局，单击"+"按钮后延续"布局2"产生"布局3"按钮，如图8-16所示。

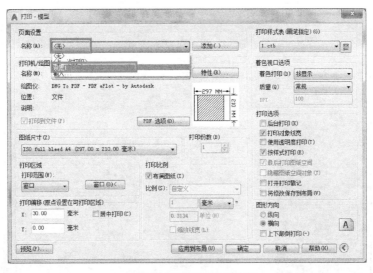

a) 选择已创建的页面设置名称

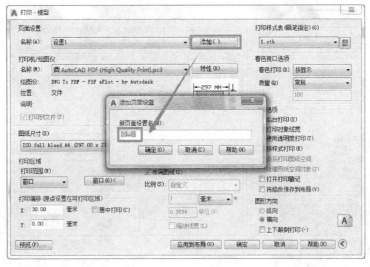

b) 单击"添加(.)"按钮创建新的打印页面设置

图 8-15　已创建的模型打印样式应用

2）布局编辑。右击"布局 1"按钮或单击"布局 2""布局 3"按钮，在列表中单击"页面设置管理器"按钮→弹出"页面设置管理器"对话框→可以在"布局 3"的基础上修改布局样式参数或新建布局；只有在"页面设置管理器"对话框中新建的布局可以重命名布局样式名称→名称设置完成后单击"确定"按钮→弹出"页面设置 – 布局 3"对话框，设置打印属性后单击"确定"按钮，返回"页面设置管理器"对话框→单击"关闭"按钮退出"页面设置管理器"对话框，如图 8-17 所示。

<记要>：

"布局 1""布局 2""布局 3"的重命名在工作界面控制按钮处，将指针移至需重命名的布局按钮上，双击即可修改布局名称，如图 8-18 所示。

对已经编辑或使用的布局样式需要更改"页面设置"时，有多种操作方式，一是将指

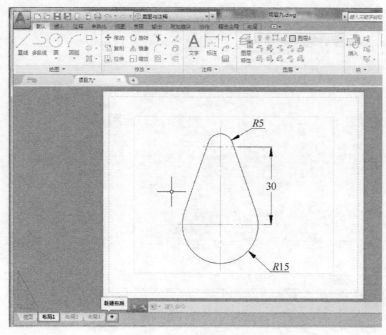

图 8-16　布局与新建布局

a) 右击"布局1"按钮

b) 单击"布局3"按钮

图 8-17　新建布局样式与编辑

c)"页面设置管理器"对话框

d) 设置新建布局样式名称

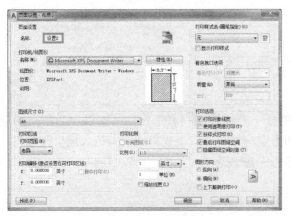

e)"页面设置-布局3"对话框

f) 新建布局样式编辑应用

图 8-17　新建布局样式与编辑（续）

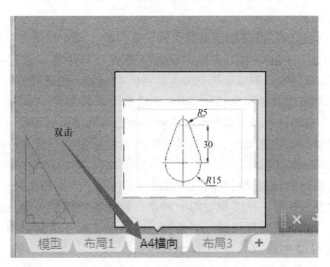

图 8-18　重命名布局名称

针移至需要修改的布局名称按钮上右击，在弹出的菜单中选择"页面设置管理器（G）"命令，二是在布局空间下单击"输出"菜单中的"页面设置管理器"按钮，从而进入"页面设置管理器"对话框，如图8-19所示。

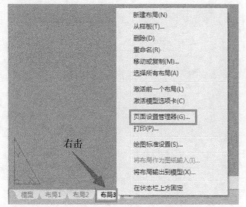

a) 右击"布局3"按钮，选择"页面设置管理器(G)"命令

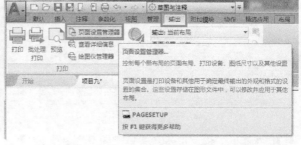

b) 单击"输出"菜单中的"页面设置管理器"按钮

图8-19　模型或布局空间的页面设置打开方式

3）布局应用。

① 从布局空间创建图形。选择已创建的任一布局样式→将工作空间切换至当前布局空间→工作空间内出现细实线矩形，该矩形即为空间视口→双击视口边线→进入该空间视口的工作区，可在该工作区内创建二维、三维图形→输入字母"ps"→按＜Enter＞键→返回图纸布局空间，如图8-20所示。

＜记要＞：

选中布局空间中的矩形时，出现五个蓝色方形节点和一个蓝色倒三角节点，矩形四个顶点处的方形节点用于调整视口在布局空间内的大小，矩形中心区域的方形节点用于拖动整个视口在布局空间内移动，单击倒三角节点时，弹出比例选项下拉菜单，可调整视口在布局空间内的大小，如图8-21所示。

② 将模型空间创建的图形应用到布局空间。第一步，插入视图。在模型空间创建三维图形→单击"布局2"按钮→弹出"页面设置管理器"对话框→设定好布局样式，关闭"页面设置管理器"对话框→图纸布局空间自动将模型空间已创建的图形按适当比例居中分布在布局图样上→单击视口矩形→按＜Delete＞键删除视口矩形→单击"布局"菜单中的"插入视图"按钮→自动进入该视口的工作空间→单击并拖动鼠标指针→产生矩形框→矩形框内的图形即为将要在布局空间显示的图形→单击确定矩形框→按＜Enter＞键→工作空间自动返回至布局空间→移动鼠标指针，矩形视口跟随鼠标指针移动→单击确定矩形视口位置→通过选中矩形视口后拖动控制节点以调整视口的位置、大小和比例，如图8-22所示。

第二步，创建视口矩形。在模型空间中创建六棱柱实体模型→单击界面左下角的"布局1"按钮→弹出"页面设置管理器"对话框，编辑后关闭"页面设置管理器"对话框进入布局空间→调整自动生成视口矩形大小→单击"布局"菜单中的"视口矩形"按钮 矩形→在布局空间区域内单击→拖住鼠标指针形成矩形→单击确定第二点，形成矩形视口，

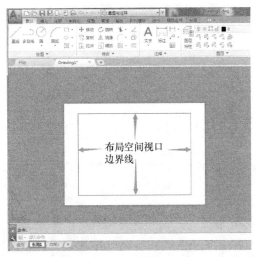

a) 单击"布局1"按钮

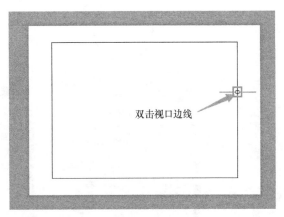

b) 双击视口边线

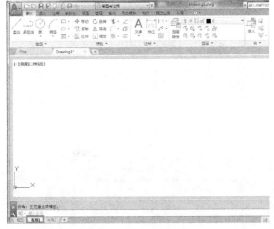

c) 进入视口工作区

d) 输入字母"ps",按<Enter>键

图 8-20 从布局空间创建图形

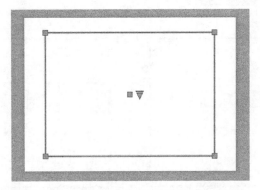

图 8-21 布局空间视口矩形边界节点调整

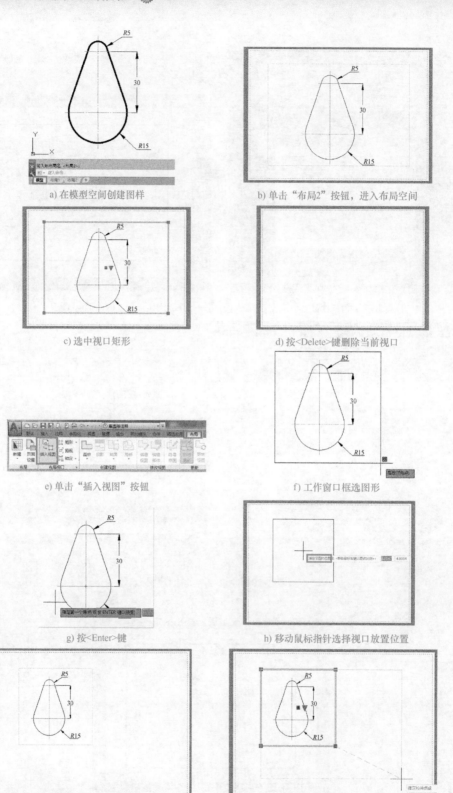

a) 在模型空间创建图样

b) 单击"布局2"按钮，进入布局空间

c) 选中视口矩形

d) 按<Delete>键删除当前视口

e) 单击"插入视图"按钮

f) 工作窗口框选图形

g) 按<Enter>键

h) 移动鼠标指针选择视口放置位置

i) 单击确定视口放置位置

j) 拖动节点以调整视口位置、大小和比例

图8-22　布局空间插入视图

该视口内自动按比例显示模型空间创建的图形，如图 8-23 所示。

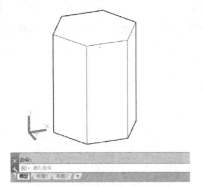

a) 在模型空间创建六棱柱模型

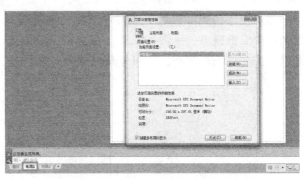

b) 单击"布局1"按钮，弹出"页面设置管理器"对话框

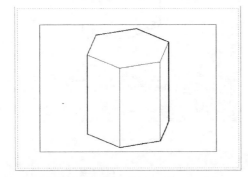

c) 退出"页面设置管理器"对话框，进入布局空间

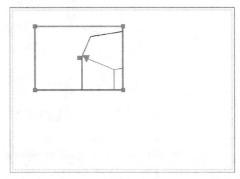

d) 调整视口大小

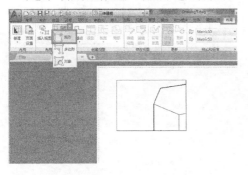

e) 单击"布局"菜单中的"矩形"按钮

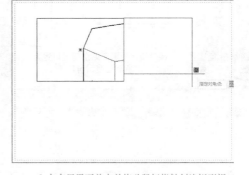

f) 在布局界面单击并拖动鼠标指针创建矩形视口

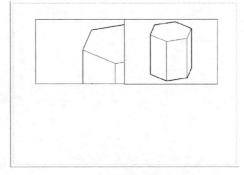

g) 产生新的矩形视口

图 8-23　创建矩形视口

第三步，编辑视口矩形。双击视口矩形边线→进入视口工作空间→单击界面左下角的"模型"按钮→工作界面切换至模型空间→单击"布局1"按钮→工作界面返回至布局空间→布局空间内视口边线变黑的为当前可编辑视口→单击另一个视口矩形边线，将其指定为当前可编辑视口→编辑完成后，在空白区域双击或输入字母"ps"并按<Enter>键即可退出当前视口编辑状态，返回至布局空间，如图8-24所示。

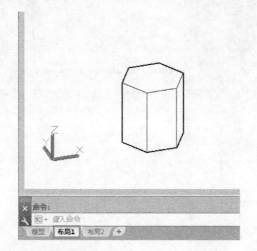

a) 双击视口矩形边线，进入视口工作空间

b) 单击"模型"按钮

c) 单击"布局1"按钮，进入多视口编辑状态

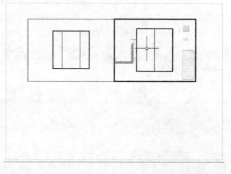

d) 单击另一个视口矩形边线,调整图形

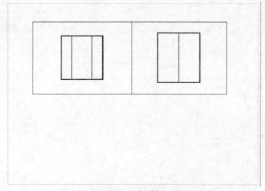

e) 在空白区双击退出当前视口编辑状态

图8-24 矩形视口编辑

<记要>:

利用"视口矩形"指令可以在用一个布局空间内创建多个视图排列，并分别调整各个视口图形，如图 8-25 所示。

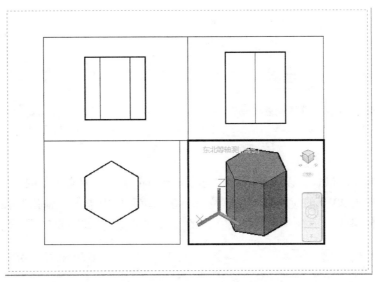

图 8-25 多个视图排列

4）从布局打印输出。单击快速访问工具栏内的"打印"按钮→弹出"打印 – 布局 1"对话框→单击"预览（P）"按钮→工作空间切换至打印预览界面→单击"打印"按钮或退出预览界面返回"打印 – 布局 1"对话框，单击"确定"按钮，系统将按照已设置的布局打印属性执行当前布局打印，如图 8-26 所示。

2. 图形数据输出

AutoCAD 2019 创建的图形文件除了可进行常规的源文件保存外，还可以将图形数据输

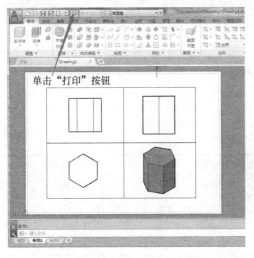

a) 单击快速访问工具栏内的"打印"按钮

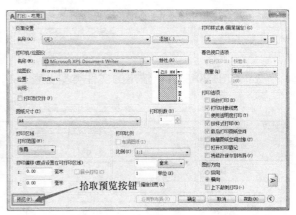

b) 弹出"打印-布局1"对话框，单击"预览(P)"按钮

图 8-26 从布局打印输出

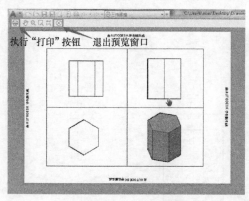

c) 布局空间打印效果预览

d) 单击"确定"按钮，执行打印

图 8-26　从布局打印输出（续）

出为其他类型的文件格式，以方便图形数据的共享与传输，扩展应用范围。

单击 AutoCAD 2019 的应用程序菜单按钮→在下拉菜单中单击"输出"按钮→在弹出列表中选择"其他格式"命令→设置输出文件的"文件类型"，如图 8-27 所示。

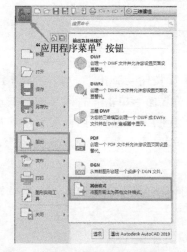

a) 单击"其他格式"按钮

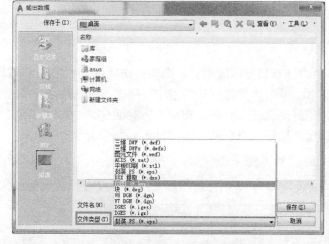

b) 设置输出文件的"文件类型(T)"

图 8-27　图形数据输出

AutoCAD 2019 可以输出的文件类型见表 8-1。

表 8-1　AutoCAD 2019 可以输出的文件类型

文件类型	文件扩展名	文件类型	文件扩展名
三维 DWF	*.dwf	位图	*.bmp
三维 DWFX	*.dwfx	块	*.dwg
图元文件	*.wmf	V8DGN	*.dgn
ACIS	*.sat	V7DGN	*.dgn
平板印刷	*.stl	IGES	*.iges，*.igs
封装 PS	*.eps	DXX 提取	*.dxx

选择文件的输出位置、文件类型，设置文件名称后，单击"保存"按钮，即完成 Auto-CAD 2019 图形数据的输出。

任务3　图形数据的发布

任务描述

已创建的二维、三维图形在 AutoCAD 2019 中可以应用"发布"工具将图形数据进行"发送到三维打印服务""归档""电子传递""电子邮件"和"共享视图"等几项操作，此处以篮球架图形数据为例，应用常规发布形式执行图形数据的发布。

思路引导

1. 准备好篮球架的三维模型装配图形文件。
2. 单击应用程序菜单按钮，在下拉菜单中单击"发布"按钮。
3. 在"发布"对话框中设置参数。
4. 执行发布。

学习新指令

发布。

工具箱

名　　称	图　　标	备　　注
发布	发布	PUB

任务步骤

单击应用程序菜单按钮→在下拉菜单中单击"发布"按钮→弹出"发布"对话框→在"发布为（T）"下拉列表中选择图形，将要发布形成的文件类型选为"DWF"→单击"发布选项（O）"按钮→弹出"DWF 发布选项"对话框→设置文件输出位置，单页或多页类型、选项名称、图层信息、合并控制、块信息等→单击"确定"按钮返回至"发布"对话框→单击"精度（E）"下拉列表框，选择"适用于制造业"精度适用类型→单击"发布（P）"按钮→弹出"指定 DWF 文件"对话框→设置保存位置、文件名→单击"选择（S）"按钮→弹出"发布－保存图纸列表"对话框→单击"是（Y）"按钮→单击"关闭（C）"按钮→弹出"发布作业进度"对话框→完成发布后，"发布作业进度"对话框消失→状态栏中"打印/发布"信息报告弹出信息提示"完成打印和发布作业"，单击提示信息链接或"打印发布报告"按钮 🖶 →弹出"打印和发布详细信息"对话框，如图 8-28 所示。

a) 选择"发布"命令

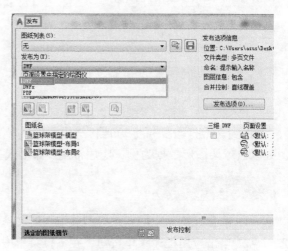

b) 弹出"发布"对话框，设置发布文件类型

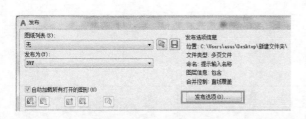

c) 单击"发布选项(O)"按钮

d) 弹出"DWF发布选项"对话框

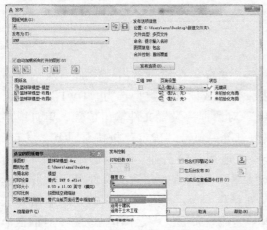

e) 选择精度适用类型

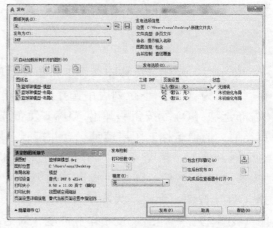

f) 单击"发布(P)"按钮

图 8-28　图形数据发布

g) 单击"选择(S)"按钮

h) 单击"是(Y)"按钮

i) 单击"关闭(C)"按钮

j) 弹出"发布作业进度"对话框

k) 状态栏提示完成发布作业信息

l)"打印和发布详细信息"对话框

图 8-28 图形数据发布（续）

<记要>：

"添加图纸"按钮用于新增发布文件。

"选定的图纸细节"栏显示选中的文件信息。

"包含打印戳记"复选按钮用于控制打印戳记的显示。

AutoCAD 2019 中发布的文件类型主要有 DWF、DWFX、PDF 和"页面设置中指定的绘图仪"四项。当选择前三项时，发布控制栏的打印份数为 1，不可更改。

发布为 PDF 格式的文件可在脱离 AutoCAD 运行程序的环境下进行查看、传送和打印；

发布为 DWF 和 DWFX 格式的文件主要用于网络上发布应用的图形通用格式，可将 AutoCAD 创建的 DWG 文件多页图形设置为 DWF 单页输出，可在任何具有 DWF 文件查看器或网络浏览器的计算机中查看、打印，十分方便快捷，可以在一定程度上节约开支。

大展身手

将项目 6 中任务 6 完成的某轴承拉拔器装配图进行发布。

附录

附录 A　常用快捷键汇总表

快捷键	功能	快捷键	功能
< F1 > 键	获取帮助	< F8 > 键	正交模式控制
< F2 > 键	作图窗口与文本窗口的转换	< F9 > 键	栅格捕捉模式控制
< F3 > 键	控制是否实现对象捕捉	< F10 > 键	极轴追踪控制
< F4 > 键	三维对象捕捉开关	< F11 > 键	对象捕捉追踪控制
< F5 > 键	等轴测平面切换	< Esc > 键	撤销指令
< F6 > 键	控制状态行上坐标的显示方式	< Delete > 键	删除当前被选中图样
< F7 > 键	栅格显示模式控制	回车键	执行指令

附录 B　常用组合键汇总表

组合键	功能	组合键	功能
< Ctrl + 1 > 键	打开"特性"对话框	< Ctrl + M > 键	打开"选项"对话框
< Ctrl + 2 > 键	打开"图形资源管理器"对话框	< Ctrl + O > 键	打开图形文件
< Ctrl + 6 > 键	打开"数据库连接管理器"对话框	< Ctrl + P > 键	打开"打印"对话框
< Ctrl + B > 键	栅格捕捉模式控制（< F9 > 键）	< Ctrl + S > 键	保存文件
< Ctrl + C > 键	将选择的对象复制到剪切板上	< Ctrl + U > 键	极轴追踪模式控制
< Ctrl + F > 键	控制是否实现对象自动捕捉	< Ctrl + V > 键	粘贴剪贴板上的内容
< Ctrl + G > 键	栅格显示模式控制	< Ctrl + W > 键	对象捕捉控制
< Ctrl + J > 键	重复执行上一命令	< Ctrl + X > 键	剪切所选择的内容
< Ctrl + K > 键	超级链接	< Ctrl + Y > 键	重做
< Ctrl + N > 键	新建图形文件	< Ctrl + Z > 键	取消上一步操作

附录 C　常用快捷指令汇总表

表 C-1　绘图指令

指令名称	快捷键	指令名称	快捷键
圆弧	A	椭圆	EL
创建块	B	多段线	PL
圆	C	射线	XL
倒圆角	F	点	PO
填充	H	多线	ML
插入块	I	多边形	POL
直线	L	矩形	REC
文字	T	面域	REG
定义块文件	W	样条曲线	SPL
圆环	DO	螺旋线	HELT
等分	DIV		

表 C-2　修改指令

指令名称	快捷键	指令名称	快捷键
删除	E	修剪	TR
移动	M	延伸	EX
偏移	O	比例缩放	SC
拉伸	S	打断	BK
分解	X	编辑多段线	PE
复制	CO	修改文本	ED
镜像	MI	直线拉长	LEN
阵列	AR	倒角	CHA
旋转	RO	倒圆角	F

表 C-3　尺寸标注指令

指令名称	快捷键	指令名称	快捷键
标注样式	D	点标注	DOR
线性标注	DLI	几何公差	TOL
对齐标注	DAL	快速引出标注	LE
半径标注	DRA	基线标注	DBA
直径标注	DDI	连续标注	DCO
角度标注	DAN	编辑标注	DED
弧长标注	DAR	文字标注	T
引线	MLD	引线样式	MLS
中心标注	DCE	替换标注系统变量	DOV

表 C-4　对象特性指令

指令名称	快捷键	指令名称	快捷键
设计中心（＜Ctrl＋2＞键）	ADC	自定义 CAD 设置	OP
修改特性（＜Ctrl＋1＞键）	CH	打印	PRINT
属性匹配	MA	清除垃圾	PU
文字样式	ST	重新生成	RE
设置颜色	COL	重命名	REN
图层特性	LA	捕捉栅格	SN
线性	LT	设置极轴追踪	DS
线性比例	LTS	设置捕捉模式	OS
线宽显示	LW	打印预览	PRE
图形单位	UN	工具栏	TO
属性定义	ATT	命名视图	V
编辑属性	ATE	面积	AA
边界创建	BO	距离	DI
对齐	AL	显示图形数据信息	LI
退出	EXIT	返回布局空间	PS
输出其他格式文件	EXP	动态输入	DYNM
输入文件	IMP		

表 C-5　三维指令

指令名称	快捷键	指令名称	快捷键
拉伸建模	EXT	三维阵列	3DAR
旋转建模	REV	三维镜像	3DMI
扫掠建模	SW	用户坐标	UCS
放样	LOF	差集	SU
并集	UNI	交集	IN

附录 D　应用示例

在 AutoCAD 软件的应用过程中，创建图样常用的绘图及编辑指令按钮较多，读者熟练应用后可以直接应用键盘快捷键、组合键或者输入指令按钮的调用快捷字母指令并按回车键启用对应工具，即"指令字母＋回车键"。

在使用字母指令调用指令前应取消所有正在进行的指令，通常配合＜Esc＞键应用。

当前应用指令结束，按＜Esc＞键或回车键退出指令，紧接着再按回车键可以继续前一次的指令。

在无应用指令状态时，指针在绘图区通常呈十字光标状。

输入快捷指令的字母不区分大写和小写，例如，输入大写字母"M"和小写字母"m"，按回车键后均启动"移动"指令。

1. 快捷键的应用

在"正交"模式开启状态下，按<F8>键，"正交"模式关闭，如图D-1所示。

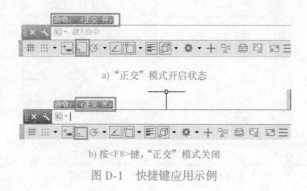

a)"正交"模式开启状态

b) 按<F8>键，"正交"模式关闭

图 D-1　快捷键应用示例

2. 组合键的应用

单击图形元素→按住<Ctrl>键同时按下数字<1>键（即<Ctrl+1>组合键）→弹出"特性"对话框，如图D-2所示。

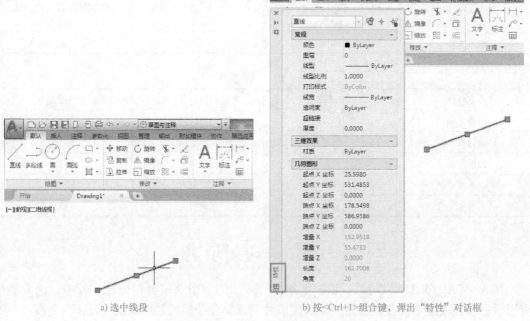

a) 选中线段　　　　　　　　　　　　　　　　b) 按<Ctrl+1>组合键，弹出"特性"对话框

图 D-2　组合键应用示例

3. 快捷指令的调用

将指针移至绘图区，输入字母"L"→按<Enter>键，调用直线指令→指定第一点→移动鼠标指针并输入线段长度值"200"→按<Tab>键，切换至角度值输入栏→输入角度值"45"→按两次<Enter>键→完成线段的创建→按<Enter>键→捕捉端点，继续创建直线，如图D-3所示。

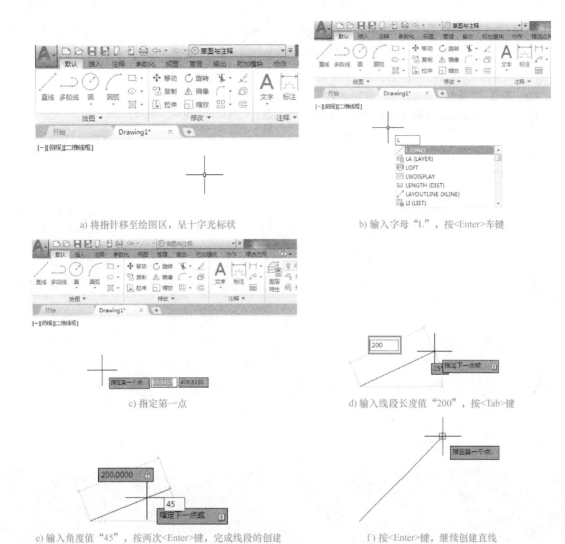

a) 将指针移至绘图区，呈十字光标状

b) 输入字母"L"，按<Enter>车键

c) 指定第一点

d) 输入线段长度值"200"，按<Tab>键

e) 输入角度值"45"，按两次<Enter>键，完成线段的创建

f) 按<Enter>键，继续创建直线

图 D-3　快捷指令的调用

参 考 文 献

［1］ 夏华生，王其昌，冯秋官，等 . 机械制图 ［M］. 北京：高等教育出版社，2004.

［2］ 崔艳，文洪莉 . 机械制图 ［M］. 北京：北京出版社，2014.

［3］ 林党养 . AutoCAD 2010 机械绘图 ［M］. 2 版 . 北京：人民邮电出版社，2014.